鳥が好きすぎて、すみません

細川博昭 著

誠文堂新光社

はじめに

鳥は、いつも身近な場所にいた。ものごころがつく前から、そこにいてあたりまえの存在だった。

十代から、ものかき以外の未来を考えたことがなかった。自分が進むべき道について一度も迷うことがなかったのは、ある意味とても幸せなことだと思う。

このふたつは最初から結びついていたと思われがちだが、両者がリンクしたのは三十代、つまり作家になった後のことになる。

ある日突然、自分と鳥とのあいだに、たくさんの接点——交わりがあったことに気づき、さらには無意識のうちに、鳥のこともたくさん文章に織り込んでいたことに気づいた。そこから、心の中の結びつきが強まって今に至っている。

そのとき——「書くこと」と「鳥という存在」が重なった瞬間、気づいたことがあった。

鳥はずっと誤解されたままで、「本当の姿」を、ほとんどだれにも知られずにいた。鳥を飼う人間が、野鳥の観察者や研究者から差別的に見られていたことも肌で実感した。不当に感じるというよりも、これはいったいなんなのかと思った。鳥の本は徐々に増えつつあり、鳥という生物の本質に触れるものも増える傾向が見られたが、そうでないものが、まだまだ圧倒的に多かった。

一方で、科学的な理解が大きく変わる瞬間にも遭遇《そうぐう》した。

肉食恐竜の一部が鳥へと進化した話は、数十年にわたる議論の過程をふくめてずっと見ていた。恐竜図鑑がカラフルに描き替えられる瞬間も目撃する。時代の変遷《へんせん》に立ち会えたことは僥倖《ぎょうこう》だった。

鳥の脳についての認識が変わり、鳥の知性や認知能力の常識が変わる瞬間も、自分の目で見た。この分野に関わる多くの研究者へのインタビューもできて、自分の中で常識が大きく変わった。――いや。ちがう。子供のころからなんとなくわかっていたことが、真理、事実となって、あらためて自分の中にやってきた。

自分が受け止めた事実をしっかり世の中に伝えていきたいと考えたのは、理系のものかきとしては自然な反応だったと思う。

いっしょに暮らし、強烈な印象を残して亡くなった愛鳥がそれを後押しした。鳥たちのために、鳥に対する世の理解を高め、鳥がもっと生きやすくなるために人生を費やすと彼と約束したことも大きい。だれも知らない約束だし、反故《ほご》にしたところで、だれからも非難されたりはしない。けれど、その鳥が知っている。そして、自分自身も。だから、約束は破らない。

その子が亡くなって十年。節目《ふしめ》を感じ、鳥について自分がやってきたことについても節目が来ているようになんとなく感じている今、これまでのことや、考えていることを、科学寄りのエッセイとしてまとめさせていただいたのが本書である。この本を出版させていただいたことを、とても感謝している。

ここからまた、次の一歩を踏み出せそうな気がしている。

今回の本では、カメラの話や野鳥撮影の話はスペースの関係で入れることができなかった。なのでいつか、そういう文章もどこかで書ければ、と思っている。

カメラは小学校三年生くらいから自分のものがあり、たくさん撮影もした。高校以降は、自宅で現像や引き伸ばしもした。そういう器材ももっていた。

浜辺は鳥が撮影できる絶好の場所だった。特に中学から高校の時期を過ごした岩手県の沿岸部には幾種ものカモメ類がいて、そうした鳥を撮りにも行った。

おもしろかったのが、人間の姿勢とカモメの反応の関係だ。

人間の姿を見慣れているカモメは人間を恐れず、わりと近くまで行っても逃げない。ゆっくり歩いていくと、そこそこの距離まで近寄ることができた。

だが、カモメを驚かせないように匍匐前《ほふくぜん》進《しん》で近づくと、かなり手前の段階で気づいて飛び去ってしまう。見なれない匍匐状態の人間に、「よくない計画」を予感して、その警戒心が煽《あお》られてしまうようだ。

何度かやってみて、それをはっきり実感したのは二十歳のころ。岩手沿岸だけの話かもしれないが、鳥も状況など、しっかり認識しているんだとわかって、なにかおもしろく思った。

そんな話も、いつか、また。

二〇一八年九月　細川博昭

浜辺で近寄りながら撮ったカモメ類。

目次

1章

世の中の鳥のイメージ、鳥への目線

ハシビロコウ先輩に乾杯！

ハシビロコウ（嘴広鸛）は、私たちに日本人が知らなかった「鳥の魅力」を新たに気づかせてくれた貴重な存在だと思っている。

大きな頭部。幅広く厚みのある大きな嘴《くちばし》。特徴あるその嘴が名前の由来にもなった。はじめはコウノトリの仲間と思われて「鸛《こうのとり》」の字が当てられたが、今はペリカン目とわかっている。いずれにしても渡来《とらい》系。なのに、侍然《さむらいぜん》とした風格。そんな容姿にも惹《ひ》かれた。

そして、体格の立派さとともに際立つ特徴となっているのが、その目つき。正面から見た顔はちょっと「怖い系」で、その目は「三白眼《さんぱくがん》」と揶揄《やゆ》されることもある。だが、瞳に凶暴な色はなく、むしろ穏やかで、近くで見ても恐怖は感じない。あぁ、こういう容貌《ようぼう》の鳥なんだなと思うだけ。ちょっと不機嫌そうに見える顔も、彼らにとっては「ふつうの顔」だと納得する。わりとすんなり受け入れられるどころか、そこに愛らしささえも感じる。

大きな体格で、離れた場所からも目立つハシビロコウは、フラミンゴのようなピンクやオレンジではなく、ハクチョウのような純白でもない。その全身はネズミ色――少し濃い灰色をしている。簡潔にいうと地味。でも、その色の中にも〝らしさ〟があり、似合っている。

立ち上がった際の頭のてっぺんまでの高さ（体高）は一メートルを超えていて、大きなものでは一四〇センチメートルにもなる。小学校低学年から中学年くらいの子供の背丈とおなじくらいある。

そんなハシビロコウに圧倒的な存在感を与えているのが、水辺にたたずむ姿だろう。

彼らは小鳥のように、絶えず動く、という習性はもたない。大きな鳥らしく、ゆったり動く。不動の姿勢で浅い水の中に立ちながら、嘴の届くエリアに魚がやってくるのをオブジェのようにじっと待つ。そして、漁の瞬間だけダイナミックにダイブして、その大きな嘴で今日の獲物をつかみ取る。

ときに失敗することがあるのも愛嬌《あいきょう》。魚が捕れなかった悔しさは、なんとなく背中に漂っているが、顔はいつもどおり。心中を反映することもなく、無表情で、泰然《たいぜん》としている。そこもまた、かわいい。

体高のある大型の鳥といえば、日本では白系のサギやツル、コウノトリの仲間が代表的だが、いずれも嘴が細く、足も細い。存在感、重量感ともに、ハシビロコウが圧倒する。飛《ひ》翔《しょう》する力をもった鳥なので、ダチョウのような太い足にはならないが、サギやツルに比べるとずっとがっしりしているように見える。

漁のダイナミックさ、という点でも、ハシビロコウに敵《かな》う国産の鳥は存在しない。そもそも、ハシビロコウのような体格の水鳥は日本にはいない。漁のしかたという点では、擬似餌《ぎじえ》や生餌《いきえ》を使って魚をおびき寄せて捕るササゴイがスタイル的に近いが、存在感は段違いだ。

余談になるが、ハシビロコウの体重は四～七キログラムほど。実はタンチョウとほとんど変わらない。嘴は体に不釣り合いなほど大きく丈夫だが、サイチョウやオオハシなどと同様に、その中身は見かけ以上に軽い。漁などの行動に支障が出るような重さではない。

ハシビロコウ先輩

ペリカン目ハシビロコウ科の鳥であるハシビロコウの出身地は、アフリカ大陸内陸の中央付近。淡水の湿地や沼地に棲《す》み、ナマズやハイギョなどを食べて暮らしている。なので、日本では、花鳥園《かちょうえん》や動物園に行かないと出会うことはできない。

最近は、そこに行けばハシビロコウが見られる、という理由で花鳥園や動物園を訪れる人間も多い。そして、そんな来園者が撮影したハシビロコウの写真がSNSなどによく掲載される。アップされた写真に興味をかき立てられ、実際に見に来てしまったという人も増加中で、人気の維持、拡大という点で、正の循環が起こっている。

そんな写真等に添付され、目を引くのが、「ハシビロコウ先輩」という名称だ。「先輩《センパイ》」という言葉の響きからは、目上の者に対する「礼」のような意識も感じられる。その雰囲気は、どこか和風でもある。言いえて妙だが、意外にしっくりくる。というか、違和感がない。確かにあれは、「ハシビロコウ先輩」だと納得する。

鳥なのだが、「先輩」と呼ばれるだけの風格はある。仙人を見て、「ああ、仙人だ」とわかり、修験道者《しゅげんどうじゃ》を見て、「ああ、修験道者だ」とわかるようなかんじで。

何時間も動かず、ただじっと待てるのは、人間でも、鳥でも、タダモノではない。当然、尊敬の対象になる。「センパイ」と呼ばれてもおかしくないと感じる。

ハシビロコウは、ネットの中で「ハシビロコウ先輩」という名で新たなファンを獲得し、そこを足掛かりに、その地位をゆるぎないものに固めつつある。だが、ハシビロコウが「ハシビロコウ先輩」、「ハシビロ先輩」と呼ばれはじめたのは、実は、最近になってからだ。

ハシビロコウが一般に広く認知されるようになり、人気がじわじわ上がりはじめたのは、二〇一二年の夏にＮＨＫの動物番組が特集したあとのこと。それ以前も、子供向きの図鑑などには載っていたものの、強い注目は集めない、わりとマイナーな鳥だった。

「ハシビロコウ先輩」の名をネットでよく見かけるようになるのは二〇一〇～一二年ごろ。最近では、ネット系のニュースが積極的に「先生」をつけた記事を書き、拡散している感がある。おりしも二〇一三年ごろ、シャープのツイッターアカウントがアオサギを「アオサギ先輩」と呼んでツイートしはじめ、その名がツイッター界隈《かいわい》に定着したのと重なっている。

例えば、二〇一四年の神戸どうぶつ王国の記事に「ハシビロコウ先輩」の名が見える。二〇一八年三月、人気者だった上野動物園のハシビロコウ「シュシュ・ルタンガ」（推定二十三歳以上）が亡くなったとき、ネット系報道を中心に「ハシビロコウ先輩」の死去が伝えられた。

ハシビロコウの功績

ハシビロコウに対して、特に「いいな」と強く感じるのは、独特の存在感などの魅力によって、これまで鳥に関心をもっていなかった人までも惹きつけてくれたところだ。たとえばペンギン好きは昔から日本にはたくさんいて、多くの人が水族館などに足を運んでいた。だが、ペンギンファンを自認する人でも、「ペンギンが鳥である」こと、「海洋性の水鳥の一種である」ことには強い意識が向いていなかった。「ペンギンという生きもの」だけに興味があって、空を飛ぶ鳥には興味がないという人も多かった。この二十年、現場で見ていた感想として、そうしたファンのあいだではペンギンからほかの鳥へ関心が広がることはあまりなかった印象が強い。

一方のハシビロコウだが、ごく一般の人、ゆるく鳥が好きな人、インコやブンチョウなどを飼育する人たちの中にも興味をもつ人がかなりいて、掛川《かけがわ》花《か》鳥園《ちょうえん》などに家族や友人と連れ立って行くケースも目立つ。

特に、最近の鳥を飼う人々は、自身の家の鳥を愛する一方で、鳥の進化や知能、日本以外の国にいる鳥たちにまで関心をもつケースも多い。そして、複数の鳥を見て、知ることで、鳥類全体の理解を深めている。

ハシビロコウ先輩は、そんな人たちに、世界にはまだまだおもしろい鳥がいるよと教え、もっと知りたいと思う気持ちを後押ししてくれる存在になってくれたと感じている。そんなハシビロコウ「先輩」に乾杯！

掛川花鳥園のふたばちゃん。撮影、写真提供：髙柳幸央

鳥の本が増えた！

世の中の鳥に対する視線は、まだ負の方向や見当外れの方向を向いていて、鳥という生きものを理解しようという気配は薄い。もう少しなんとか……と嘆く日々は、まだ続きそうだ。もっとも、それは鳥にかぎったことではなく、人間——特に日本人は、自分たち以外の生きものに対する関心が弱いと常々、感じてもいる。

それでも、ゆっくりと「正」の方向を向いて進みはじめている気配はある。発見された鳥の驚くべき新事実が、少しずつ、鳥に関心をもつ層を広げている。長く正しいとされてきたものの、実はまちがいだった事実も少しずつ修正されるようになってきた。

時間はかかるかもしれない。それでもいつかは、鳥という生きものがあまりに理解されていないこの状況が変わる日がくると思う。きてほしい。それが願いでもある。

そんな思いを抱いて、鳥について関心をもってもらえそうな本、理解を深めてもらえそうな本を書き続けている。

鳥が好きだから。

鳥のために、自分にできることをしたいと思っているから。そう、誓ったから。

出版物は時代を映す

そのジャンルの中でどんな本が出版されてきたか、そのジャンル中の特定のテーマの取り上げ方がどう変わってきたのかを知ることで、世の中の視線の方向や、関心をもつ人々の意識を知ることができる。少し遅れてではあるが、そのジャンルの研究がどこまで進んだか、どこを目指しているのかということも、出版物から見えてくることのひとつだ。

鳥の本も、例外ではない。

この二十年、著者、編集者として、鳥に関する企画をつくり、書籍や雑誌の記事を書いてきた。そのために読んだ本、調べた情報は多岐《たき》。目につく限りのすべてに意識を向けた。日本や他の国の鳥に関する文化や鳥に対する国民感情。その歴史を含めた鳥の飼育。野鳥の生態や分類。鳥の身体構造。鳥の進化。鳥の医療。鳥の神話や伝承など、鳥に関するあらゆる分野の本に手を出し、関係する複数の学会にも個人、役員として参加するかたわら、手に入る論文に目を通させてもらった。

鳥について、どんな報道がどのように行われているのかも知っておきたかったので、一九八一年以降、新聞や雑誌に掲載された記事も切り抜いて取ってある。ヤンバルクイナの発見を伝える新聞記事などは、今見ても、とても興味深く感じる。

また、鳥とは別系統で、マンガやアニメ、ライトノベル関係の仕事をしていたり、ほかの名前で文芸系の仕事もしているので、鳥のエッセイや鳥が出てくる小説やマンガ、特撮やアニメなどにも目を通してきた。動物マンガについての学術論文を書かせていただいたのも、その延長でのこと。

いつか、この本の作者も実は自分でした、とカミングアウトするのもおもしろいかもしれないとたまに考えたりもするが、公開する予定はいまのところない。申し訳ない。

増えたもの、減ったもの、なくなったもの

今も継続して存在するものがある一方で、その進化や脳を含めた体のことなど、鳥に関する新事実がいくつも判明したことで「鳥ジャンル」は幅が広くなり、出版点数も大きく増えた。仕事場の本棚から溢れている本を眺めても、それを実感する。

野鳥誌と飼い鳥の雑誌は数を減らしながらも継続中。ただ、平凡社の「アニマ」のように、動物の生態を中心に広く扱う科学寄りの専門雑誌がなくなってしまったことは痛い。恐竜から鳥が誕生したという説の検証記事があったり、野鳥の専門家の文章があるなど、特別な雑誌だった。とはいえ最近では、日経サイエンスが別冊で鳥の知能に関する書籍を出すなど、鳥についての知的なニーズは需要の高いところから埋められつつあるとも感じている。

長く継続して出版されているのは、野鳥を見る系の本。図鑑、ポケット図鑑、見分けのポイントの本、探《たん》鳥《ちょう》地《ち》の本は鉄板《てっぱん》といえる。対極にある、鳥の飼育書や飼い鳥の種などを紹介する本も定期的に刊行される。

ただし、二〇一一年と二〇一七年の前と後で、内容が変化した。二〇一一年以降、鳥の心理に踏み込んだ内容の本が増えた。また、近年、老鳥の飼育やメンタルケアに触れる書籍や雑誌が増えた。飼い鳥に関する講演などでも、おなじ傾向が見られる。こうした傾向は、今後さらに強まっていくだろう。

『インコの心理がわかる本』と『うちの鳥の老いじたく』（ともに誠文堂新光社）が出版されたあと、そこで取り上げた内容が飼育書や関係ムック本などに取り入れられるようになった。そういう点で、エポックメイキングな本が書けたと、あらためて自負《じふ》する。

そんな『インコの心理がわかる本』には誕生秘話も

ある。前年の二〇一〇年、誠文堂新光社の編集者から、「ジュウシマツの企画はつくれないか？」、「だれか書ける人はいないか？」と打診され、私的な予想から、「飼育者の数からみて出版は難しいのではないか」と返事をしていた。だが、ただ「無理」というのもなんなので、売れる可能性のある企画を代わりに渡そうと思い、「この本を出しませんか？　ニーズは高いと思いますよ」と見せたのが『インコの心理がわかる本』の企画書だった。

そこにはさらなる裏話があって、二〇一〇年に技術評論社から支倉槇人《はせくらまきと》名義で『ペットは人間をどう見ているのか？　イヌは？　ネコは？　小鳥は？』という本を出していて、それを読んだ読者の方から、「鳥に限定した心理の本を出してほしい」という要望が強くあった。そうした後押しが、『インコの心理がわかる本』の企画をつくった背景にはある。

最近の傾向

ここ最近、鳥系の出版物では、「恐竜が進化して鳥になった」系の本、「鳥の知的な行動や鳥の知性」に関する本がどんどんかたちになってきた。鳥類学者が恐竜の本を書き、恐竜の研究者が鳥に触れる本を書くような流れも近年の傾向で、とても興味深く思う。恐竜と鳥、恐竜学者と鳥類学者、両者の接点と交わされる視線がとてもおもしろいのだ。

ちなみに一時期かなりの点数が出版された『美しい鳥』系の写真集は、データをもっているライブラリーがさまざまな出版社に対して、「うちの素材を使った写真集をぜひ！」と強く営業したことが大きい。

カラスは嫌われる一方で、どうしても目が離せない人もいるし、愛情をもって見つめる人もいる。スズメは近年数を減らしているという報道以降、関心をもつ人が増えた。そういった背景もあり、カラス本とスズメ本はさまざまな切り口で書籍の刊行が続く。特にカラスは、今後も毎年何冊も書かれていきそうな気配だ。

個人的には、近年、出版が減っている鳥の文化誌系の本を積極的に書いていこうと思っている。二〇一九年には、『鳥を識《し》る』の姉妹編として、鳥の文化誌を広く俯瞰《ふかん》した書籍が春秋社から出版される予定だ。イースト・プレスの『身近な鳥のすごい事典』には予想以上の反響があり、この系の本に一定のニーズがあることを、あらためて認識した次第。

世界にあふれかえる恐竜たち

恐竜の図鑑が、最近、とてもカラフルになった。

子供の頃に見たきりで二十年は眺めていないという方は絶対に驚く。これはいったいなんの本だと思うだろう。できたら機会をつくり、書店や図書館に行って、子供向きの図鑑などを見てきてほしい。手に取った図鑑がほしくなる人も、きっといるにちがいない。

灰色から茶色系のゴツゴツした皮膚で描かれていた恐竜は数を減らし、替わって小型の肉食恐竜を中心に、色鮮やかなふわふわの羽毛に包まれた姿を見る。前肢《ぜんし》の外側に長い羽毛が綺麗に並んだ種などは、「前肢」でも「前足」でもなく、ほとんど翼《つばさ》である。

それどころか、うしろ足まで翼化《よくか》しているものさえいる。こうなるともう、完全にちがう生物に見える。四つの翼をもった生きものが、太古の昔には確かにこの地上にいたのだ。

はじめ、恐竜の羽毛の色は完全に想像で、イラストレーターと編集者が相談して無難に決めていた。だが、化石に残った色素の痕跡《こんせき》を分析することで、尻尾がオレンジと白の縞模様だったり、全身が黒っぽかったり、頭部の冠羽《かんう》が赤かったなど、本当の色が判明した例もある。わかったものについては、より正確な絵が最新の図鑑に反映されるようにもなった。

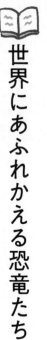

また、二足歩行の恐竜では、「立った姿勢」も大きく変わった。ゴジラのようにすくっと直立するのではなく（実際は、ゴジラの方が当時の恐竜の復元イメージの影響を受けているのだが）、頭から尾の先まで、地面と平行に描かれるようになった。

羽毛をまとったその姿は、どこからどう見ても鳥。「進化の方向をまちがえた？」と聞きたくもなるが、実際にまちがっていたのは、骨格からその姿を復元したかつての研究者の方。

二十世紀の末まではひとつの学説にすぎなかった「肉食恐竜が進化して鳥になった」という説は、今や揺るがない「定説《ていせつ》」となった。恐竜学者が鳥への進化を語ったり、鳥類学者が恐竜を語ったりすることも本当に増えた。そういった点で、おもしろい時代になった。

一九九五〜九六年ごろ、「恐竜→鳥」という本が書きたくて、あちこちの出版社に企画を持ち込んだ際、「それは説のひとつにすぎないからダメ」とすべてボツを食らったのも、今となっては懐かしい思い出。書かせてもらっていたら、それはかなり先駆的なものになっていただろうと残念にも思うが、『鳥を識る』（春秋社）でリベンジできたのでよしとする。

子供たちの鳥への関心を増やしたい

一九八〇年代には『恐竜の飼い方教えます』（平凡社）という本があって、けっこう話題にもなった。だが、今そういった本が少しだけリアルに書かれたとしたら、それは「鳥の飼育書」になってしまう可能性がある。八〇年代の作家や研究者は、「なんということだ」と頭をかかえそうだが、事実なのでしかたがない。

日本でも、アメリカでも、いつだって子供たちは恐竜が大好きだ。恐竜を飼いたい、恐竜と暮らしたいという声も聞こえてくる。そのたびに、「だったら、鳥と暮らそうよ。彼らは現代を生きる恐竜だよ！」と心の中で主張し、ときに実際にそう語りかけたりもする。

夏ごとに行われている恐竜の展示イベントはいつも盛況で、グッズもよく売れているが、鳥が生き残った恐竜であるという事実は、イメージとして、まだうまく伝わっていない印象もある。近くにいるスズメやカラスやムクドリを指さして、「彼らのずっと昔の祖先は、羽毛の生えた恐竜だったんだよ」と言っても、多くの子はきょとんとした顔をするだけ。

それをなんとかしたいとずっと思っていた。恐竜好きな子の半分でも鳥に興味をもつようになり、鳥のことをもっと知りたくなって鳥への関心が広がっていったら、そんな子供たちから、日本にはまだ少ない恐竜学者や鳥類学者がたくさん育つと思うから。

国立科学博物館の真鍋《まなべ》真《まこと》先生にインタビューさせていただいた際にも、そういう話が出た。日本からよい研究者が育ってほしいというのは、現場の切なる願いでもある。

野生の鳥を眺め、その生態を知ることはとても大事なこと。命の営みや、姿や行動に見える美しさ。子供たちにもそんな姿を知ってほしいと強く願う。だが同時に、人間と暮らすことで心を変化させ、野生とはちがう顔をする「鳥のもうひとつの姿」も知ってほしいと思う。

世の中には鳥を飼うことに否定的な意見があるが、意識面も含めて鳥を真に理解するには、ともに暮らしてみることも必要で重要なことだとずっと考えている。

なにより大事なのは、幼い頃に、人間よりも高い体温をもった生きものである鳥に直にその手で触れ、その温かさや羽毛の柔らかさを知ること。その心に触れて、コミュニケーションを試みること。それは身近にいる人間以外の生物への理解にもきっと役立つ。

親が、「羽毛に包まれていた恐竜も、こんなふうに温かくて、ふわふわだったんでしょうね」と語り、感触をイメージさせることも大事なこと。そうすることで恐竜に対する関心がさらに深まって、恐竜の子孫である鳥のことも、もっとわかりたいと願うようになると思うから。

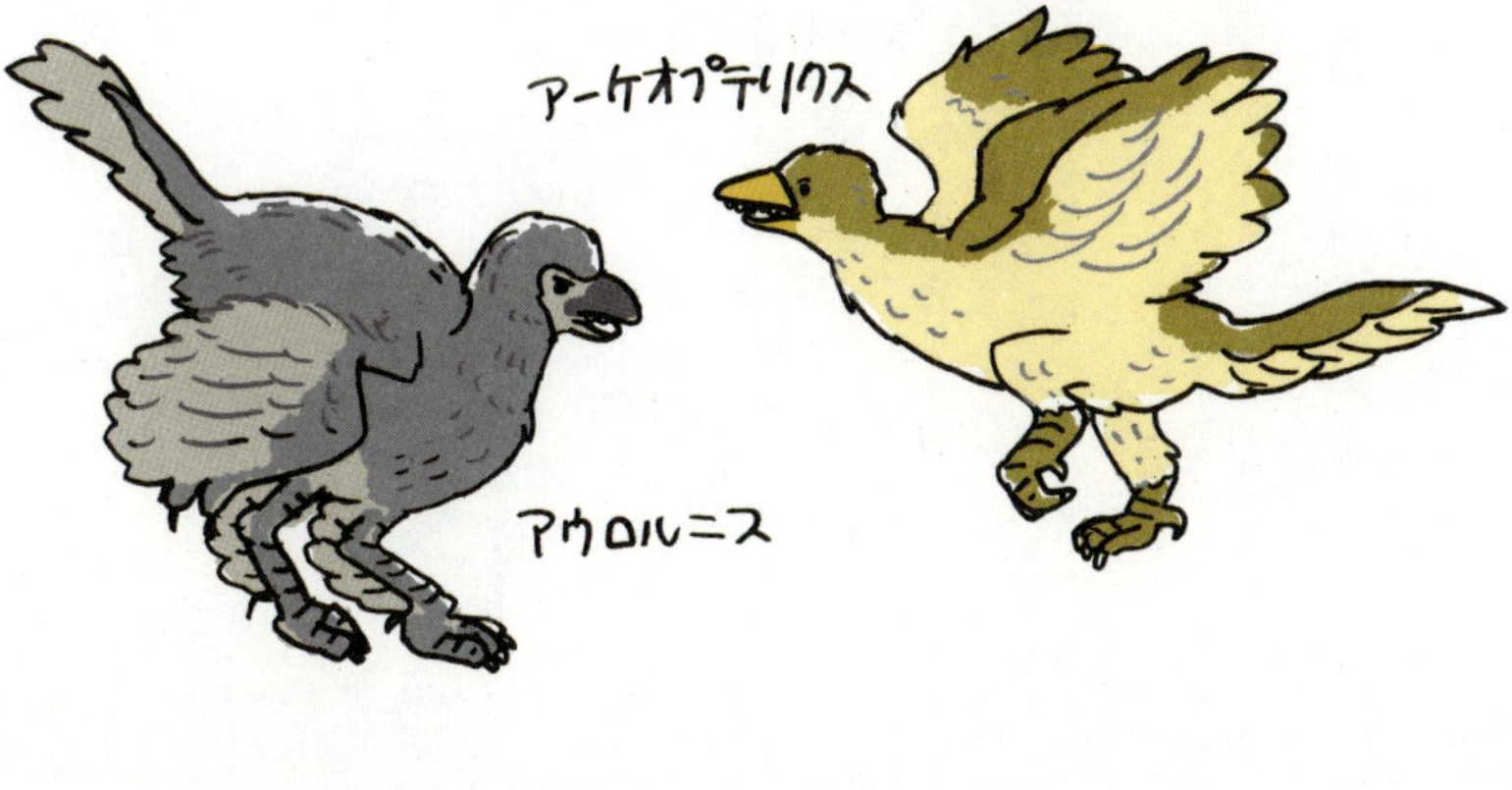

カラスは好きですか？

カラスを嫌う人は確かに多いが、同時に「カラス大好き！」な人が、おそらく日本には相当数いる。また、好きという自覚はないものの、どうしても気になって、新しいカラス本を見つけるたびに買ってしまう人もいるようだ。でなければ、カラスのことを書いた本が、短い周期でこんなにも出版され続けている理由の説明がつかない。

おかげでこちらも、ごく最近だけで、『カラスの文化史』（カンダス・サビッジ）、『カラス学のすすめ』（杉田昭栄）、『にっぽんのカラス』（松原始）、『道具を使うカラスの物語　生物界随一の頭脳をもつ鳥カレドニアガラス』（パメラ・S・ターナー）、『実は猫よりすごく賢い鳥の頭脳』（ネイサン・エメリー）などを手にすることになった。翻訳書が多いのは、海外でもカラスの本がそれなりに出版されていることを意味している。

嫌いな理由、好きな理由

カラス嫌いな人の何割かは、「カラスが怖い」という。理由はなんとなくわかる。

「あの大きな嘴で突つかれたら、軽いケガではすまないと思う」とか、「人間を観察するときの見透かすような目がイヤ」とか。「死」と結びついている「不吉の象徴」が子供の頃から刷り込まれているがゆえの「嫌い」もある。

万葉《まんよう》の時代のカラスが「恋の鳥」だったり、ワタリガラスが北欧神話の主神オーディンの遣いだったりした例はあまり知られていない一方で、そんなシーンなど実際にはだれも見ていないのに、平安時代から戦国時代にかけて、都の郊外や戦場《いくさば》で死体を突ついている印象は、今も一般の人々の心にあるらしい。おそらくそれは、歴史ものの映画やドラマの影響だと思う。恐怖を煽《あお》ろうと、ホラー映画がショッキングなシーンの前後にカラスの声を重ねてくることもよくあり、そうしたことからも刷り込みが強化されているように感じる。

カラス好きな人で興味深いのは、カラス嫌いの人が「イヤ」と思うまさにおなじ目つきを見て、「なにか考えている様子がかわいい」と感じてしまうこと。各人がもともともっているイメージにより、カラスの印象は大きく変わることが、この二十年の取材でわかった。

カラス好きな人、カラスに関心をもつ人は、カラスのことを本当によく調べている。鳥類の脳は哺乳類《ほにゅうるい》とは異なる進化を辿ったが、哺乳類とおなじくらい高度に発達していること、知性や知的な行動という点では、カラスの仲間と大型のオウムやインコが鳥類の頂点で、進化的には哺乳類における霊長類《れいちょうるい》ポジションにいることなど、本当によく知っている。

だからこそ、その行動に注目をし、どこまでできるのか知りたいのだろう。それはとても自然なことだと思うし、自分自身も正式な許可のもと、かつてペッパーバーグ博士がヨウムのアレックスに対して行った訓練に相当するものを、身近なハシボソガラスやハシブトガラスで二十〜三十年かけてやってみて、研究をとりまとめてみたいとずっと思っている。個人としてやるには田舎に一軒家をもたないといけないなど、道のりは遠いが、実はあきらめていない。そこから得られることはとても多く、今後の鳥類学に貢献できると思うからだ。

カラスはいまだに殺され続けている

一時、増えすぎたカラスやその被害についての報道が続いた時期があった。だが今は、あの騒ぎは一体なんだったのだろうと思うくらい見なくなった。例えば東京都では、ゴミ対策などが強化されたことで、十二〜十三年ほど前からカラスについての都への苦情が減りはじめ、ここ数年はピークだった平成十四年の六パーセントほどになっている。それはすなわち東京に暮らすハシボソガラス、ハシブトガラスが減り続けているということでもある。実は今のカラスの生息数は、一九八〇年代の中盤くらいにまで戻っている。本当に減ったのだ。

その背景として、東京都だけでも、今も年間七千羽〜九千羽のカラスが捕獲されて殺されているという事実がある。都が報告している都内の生息数が八千六百羽ほどだから、平成二十九年度で全体のおよそ四十五パーセント、平成二十八年度でおよそ五十パーセントのカラスが殺処分された勘定だ。

だが、多くの人はカラスに同情したりしない。イヌやネコの殺処分と鳥の殺処分に対する人々の意識には、実際にかなりの温度差がある。背景には、鳥類に対する親近感や関心の低さ、関心をもつ層の狭さ、鳥は哺乳類以下という根拠のない思い込みによる決めつけなどがある。自身が直接関わる関心がある生きものがまず優先で、ほかの生きものにはなかなか意識が向かない、向ける余裕がない、ということもある。

イヌやネコよりもカラスが高い知能をもつことを知らないことが影響しているのでは、という声もある。一方で、カラスの知能が高いことが知れ渡ったら、かえって向けられる憎しみが増すかもしれないと懸念する声もある。人類も属する哺乳類を鳥類が超えてはならないという意識から、カラスに対するいわれのない憎しみが強く出てくる可能性が否定できないと。

緑のインコの定着は約半世紀前

もともと日本にインコはいなかった。だから、大和《やまと》朝廷《ちょうてい》がはじまって以来、アジアの国などから貴重な贈り物とされて、ときの権力者を喜ばせてきた。しかし、今、日本には、東京・神奈川を中心に、緑色の中型インコ——ワカケホンセイインコが暮らしている。

完全にその名が定着してしまった感もあるが、実はワカケホンセイインコは種名ではない。種名で呼ぶなら、「ホンセイインコ」。ワカケホンセイインコは世界に広く分布するホンセイインコの「亜種《あしゅ》」のひとつである。

過去に行われた調査により、日本のワカケホンセイインコは、インドやスリランカに棲む亜種と遺伝子的に近いことが確認された。なお、ブリーディングされた個体には青や黄色、白系などの色変わりも見られるが、野生化しているのは原種《げんしゅ》のままの緑の鳥だ。

すでに東京、神奈川の鳥？

数年前から、夕方の特定の時間に、小田急線と相鉄《そうてつ》線が交差する大和《やまと》駅の上空やその周辺を、この鳥が十羽から二十羽の群れで飛んで行くのを見ていた。

それがなんと、二〇一七年の末には、隣家の庭で熟しきった柿を食べる姿を目撃する。長年、各地でさまざまな鳥を見てきたが、野生のワカケホンセイインコが神奈川の自宅から見られ、直にその声を聞く日が来るとは夢にも思っていなかったので本当に驚いた。

さらに、二〇一八年の春になると、ワカケホンセイインコはほぼ毎日、住んでいるマンションの上空や隣家の庭に姿を見せるようになった。伊勢丹相模原店の裏にある公園で、つがい単位で数十羽が樹木にたたずむ姿も見た。

ワカケホンセイインコは、体長四〇センチメートルを超える中型のインコで、声もかなり大きめ。室内で叫ばれると、かなりうるさく感じられる。だが、さまざまな音が響きあう屋外では、その声はあまり気にならなかった。都市部に暮らす身近な鳥と比べても、特別大きいとは感じられない。声質的にも、国産の鳥とあまり違和感はなかった。おなじエリアに暮らす純日本の鳥ともかなり馴染《なじ》んだようで、空間の棲み分けもできているように見えた。

日本定着は一九六〇年代

二〇一八年の半ばに「緑色のインコが大量発生」、「ペットが捨てられ、野生化」などの文字が新聞紙面やテレビの画面に踊った。しかし、最近になって彼らが飼われていた家から逃げ出したり、飼いきれなくなった者が外に放ったという事実はない。

東京や神奈川を飛び交うワカケホンセイインコのほとんどは、一九六〇年代に籠脱《かごぬ》けした鳥の子孫だ。だいたい、逃げた鳥がつがい相手を見つけて繁殖し、数を増やせるほどの飼育数は今の日本にはない。最近になって逃げたとしたら、数を増やす前に全滅している。

一九六〇年代から七〇年代は鳥を飼うことがブームで、珍しい鳥を求める人も多かった。もちろん、飼育者の多くは鳥についての知識もなく、飼育に関しても素人。当然のように、飼いきれなくなる例が多発した。特に、ホンセイインコ系の鳥は、嘴の力も強く、声も大きい。神経質で人間との暮らしに馴染まないものもいた。そのため放鳥《ほうちょう》が絶えなかった。

また当時は、生息地において、野生の鳥を捕獲して輸出するということがふつうに行われていたため、売られていた鳥にも人馴《な》れしていないものが多かったという事実もある。

一方で、もともと野生だった鳥（荒鳥《あらどり》）は、ブリーディングの鳥に比べて野生の異環境に馴染みやすい。加えて、ワカケホンセイインコは、都市部から山のすそ野、山地、砂漠に近い土地まで、さまざまな環境に適応してきた鳥でもあった。今よりも気温が低かった一九六〇年代の日本に彼らが定着できたのも、生来の環境適応能力の高さが有利に働いたためと考えられている。同時に彼らには、他の鳥を押し退ける体力と気の強さがあった。

とはいえ、そんなたくましい鳥でも、いきなり何万羽にも増えたりはしない。

ワカケホンセイインコも毎年、数羽ずつ雛《ひな》を孵《かえ》す。子育てにはそれなりの手間と時間がかかり、雛の死亡率も高い。なので、いきなり前年の数倍になったりしない。昆虫のように大量発生する年など存在しないのだ。

つまり、今の数になるには、長い時間の積み重ねがあったということ。実際に彼らは、半世紀という長い時間をかけて日本に定着し、競合する国産野鳥を押し退けながら、ゆっくりその数を増やしていった。

現在の生息数は、観察される場所の多さから、南関東だけでも一万羽を超えているように思う。そんな彼らに危機感をおぼえる人もいる。そうした人たちから、日本の生態系を守るために皆殺しにしろという過激な声も聞こえてくるが、それが正解だとは思わない。

分布の拡大を抑えることができれば、その数を一定に保って共存することも可能だと思っている。駆除するなら、巣から有精卵《ゆうせいらん》を取り、孵卵器《ふらんき》で孵してショップで雛を売るなどしたほうがずっと建設的だろう。

飼われている鳥は幸せ？

鳥を飼う人々のあいだで繰り返されてきた質問がある。ときに自問され、ときに相手に投げかけられてきた問い、それは、

「飼われている鳥は幸せだろうか？」というもの。

江戸時代に書かれた飼育書『百千鳥《ももちどり》』（寛政《かんせい》十一年・一七九九年）の編著者である泉花堂《せんかどう》三蝶《さんちょう》も、本の書き出しで「籠の鳥は苦痛を感じていると指摘する人間がいる」と挙げ、自分なりの考えをそのあとに綴《つづ》っている。そして最後を、「飼われている鳥が不幸にならないために、わたしはこの本を書くのだ」という決意で結ぶ。

共感できる部分の多い泉花堂三蝶の言葉に、ともに暮らす鳥を大事に思うのはいつの時代も変わらないのだと、あらためて実感をする。自分もおなじ思いで本を書いているから。

飼い鳥の幸・不幸に話を戻そう。

鳥を飼う、という行為は、古くから世界中で行われてきたわけだが、今に至るまで、幸福な一生を送ることができた飼い鳥はきわめて少ないと言わざるをえない。

古い時代、鳥を飼うのは自己満足のためであり、自身がもつ権力を誇示するためでもあっ

た。本当に鳥が好きで飼っていた人もいただろうが、それ以上に、珍しい鳥、色鮮やかな鳥、声の美麗《びれい》な鳥を集めたいという収拾欲や、そうした鳥をまわりに自慢したいがために鳥を飼ったケースが、はるかに多かったと考えられる。

「もの」としては大事にしたかもしれないが、命ある存在として、その鳥を大事にしていたかと問われれば、そうとは思えない。そして、そういうかたちでの飼育は、ごく最近まで続いた。減ってはいるが、所有物扱いで鳥を飼う人は、今も少なからずいる。

昭和の鳥ブームの頃は、隣の家でも飼っているからウチも、という意識による飼育もあった。それは皆とおなじことをして安心する心理の延長だった。

そんな、だれもが鳥を飼った時代は過去のものとなり、今は心から鳥と暮らしたい人、ともに暮らす鳥の幸福を願う人が飼育者の中心に立つ時代となった。

鳥の飼育が減ったと嘆《なげ》く人もいるが、鳥にとっては大きな受難の時代が終わって、少しだけよい時代になったと思う。ふたたび変なブームが来ないことだけを切に祈っている。

「鳥を飼うことは悪」という空気

昭和の頃はまだ、野鳥も法的に飼育が可能だったため、捕獲された野の鳥も多数が飼われていた。当時、野鳥はインコやカナリアなどのブリーディングされた鳥とならび、飼育の大きな柱となっていた。

雛から育てたスズメなどは、インコやブンチョウなみに懐いて一般的な飼い鳥とおなじような楽しみを得ることができた。だが、捕獲された成鳥が人間に馴れることは稀《まれ》だった。警戒心は生涯消えず、多くのストレスを抱えたまま死んでいったはずだ。

野鳥が飼育された目的は、古い時代と同様、主に美麗な声や姿を楽しむことにあった。そうした鳥を所有していることを周囲に自慢もできた。鳴き合わせの会などに出場でき、そこで上位に入賞した場合、飼い主には大金が入ることもあった。そのため、ある種の投資目的で鳥を飼う者もいた。それは、江戸時代から続く、飼い鳥文化の負《ふ》の側面だった。

こういうかたちで飼われた鳥の多くは、幸福ではなかったと思う。

「日本野鳥の会」は昭和九年に発足した。そこには明治四十五年設立の「日本鳥学会」のメンバーも多数参加していた。内田清之助《うちだせいのすけ》、鷹司信輔《たかつかさのぶすけ》、山階芳麿《やましなよしまろ》など、著名な鳥類学者の名前を名簿の中に見つけることができる。ただ、今とちがい、学会の中心にいた研究者の多くがみずからも日本産の野鳥を飼育していたこともあって、発足当時は、会として野鳥飼育を否定するような意思はなかった。会誌「野鳥」の創刊号に掲載された会の規約には、鳥類研究を進めること、鳥類愛護の思想を普及させることと同時に、「いろいろな分野、いろいろな立場の人どうし、野鳥を通して楽しもう」という考えが織り込まれていたくらいだ。

風向きが変わったのは、戦後、アメリカ人の鳥類学者オリバー・オースチンが来日し、日本に野鳥愛護思想を広めた後だ。その思想に添うように、「鳥は野生のままで人間が手を触れるべきではない」という方向に会は舵《かじ》を切る。

鳥は飼うのではなく、眺めて楽しみ、自然の中にいるものを研究対象とすべきと強く主張する者が中心研究者の中にも現れて、思想の啓蒙《けいもう》活動を押し進めた結果、「野の鳥は野に」という思想が深く浸透して、それ以外を認めない風潮も強まっていく。これ以上、不幸な鳥を見たくない、増やしたくないという思いがそこにはあった。

会の研究者や一般の野鳥観察者が、野鳥を使った娯楽や、野鳥を飼育することで収益を得ようとする者に強い嫌悪感をもつのも自然な流れだった。

鳥の飼育を「日本古来の悪習」と決めつけ、「飼育者を撲滅させる必要がある！」とまで言い切ったのは、晩年の中西悟堂《なかにしごどう》である。中西は内田清之助ら鳥類学者とともに日本野鳥の会を立ち上げた中心人物であり、会の初代会長でもあった。また彼は、野鳥の捕獲や飼育に制限をかけた法律「鳥獣保護法《ちょうじゅうほごほう》（鳥獣の保護及び管理並びに狩猟の適正化に関する法律）」の制定にも関わり、そこに彼のもつ意思が強く反映されることとなった。

時代の流れの中で鳥獣保護法は強化され、飼育できる野鳥は順次削減されていった。現在、飼育が許されているのはメジロのみで、それも一家庭一羽に限定されている。捕獲ももちろん禁止となった。彼が望んだことは今、ほぼ達成された状況にある。

鳥の飼育者と野鳥観察者のあいだの溝

不幸な鳥が減ったという点では、中西らの貢献を認めることができる。だが、そこに弊害がないわけではない。飼育ができなくなったことで、野鳥とともにあった「鳥の文化」が丸ごと消滅してしまったことも大きな損失だった。これは次項で少し詳しく話したい。

また、人間は鳥を飼うべきではないという思想が広がったことで、ブリーディングされた海外産の鳥の飼育者までも「悪人」と決めつけるような風潮も生まれた。これも鳥の飼育者が減った要因のひとつとなった。結果として、鳥の飼育者と野鳥観察者・研究者のあいだには深い溝ができた。最近になって、溝が少し浅くなった感もあるが、飼育者に対する一方的な敵視がなくなったわけではない。

さらに今、鳥に関心をもつ子供が大きく減っているという事実がある。昭和の頃は子供に人気だった鳥の図鑑も、かつてのようには売れていない。それもまた、「鳥を飼うことは悪」という思想が、家庭から「飼い鳥」を遠ざけたことの弊害のひとつだろう。

幼い頃にあった接点は、大人になっても生き続け、関心を維持し続ける。そうした流れが、飼い鳥文化の縮小によって途切れてしまった。子供によい刺激を与えたという点では、完全な「悪」とされた野鳥飼育にも「プラスの面」が確かにあったのだと思う。

法的に飼育が可能なインコやブンチョウすら、大部分の家庭で飼われなくなったことで、多くの日本の子供は鳥と接点をもたないまま成長するようになった。当然、大人になっても鳥には関心が向かないため、さらにその子供も鳥との接点がないまま育つことになる。

その結果、鳥に無関心な日本人が増える「負の連鎖」ができあがってしまった。この連鎖をなんとかしないかぎり、日本人の鳥への理解昂進《こうしん》は大きく進まないと思っている。

ここ数年は、ハシビロコウ先輩や鳥カフェなどの影響もあって、鳥に興味をもつ人がわずかに増加し、それによって鳥を飼育する者の減少には歯止めがかかった気配がある。鳥に対する理解向上のためになにか手を打つなら今だと思う。そして、この連鎖を断ち切るには、やはり「飼い鳥」の、なんらかの手助けが必要だと感じてもいる。

違法飼育と消えた鳥文化

昭和の後半までは、ウグイスやヤマガラ、オオルリ、イカル、ウソ、メジロなどの飼育者がたくさんいた。鳴き合わせを競う文化もあった。鳴き合わせのイベントは、はるか昔の室町時代から行われていて、その鳥の愛好家を楽しませてきたこともわかっている。

戦後、鳥獣保護法（鳥獣の保護及び管理並びに狩猟の適正化に関する法律）によって、野鳥の飼育に制限がかかり、飼育できる種が段階的に減っていった。現在、唯一飼育が可能なメジロも、いずれ飼えなくなりそうだ。

鳥獣保護法が定める鳥の飼養《しよう》については、どうしてこういう決まりができたのか、以前からその決定過程の不透明さに疑問も感じていた。「野鳥は飼育すべきでない」という特定の思想のみをもとにつくられた法律という印象が強かったからだ。

実は今、本当にこの法律のままでいいのか、見直しもはじまっている。多方面から検討された結果、再度法律が変わり、一部の鳥について、ふたたび飼育が認められるかもしれない。「飼鳥史《しちょうし》」を専門にやってきた者として、国から意見を求められたので、時間をかけて歴史的な事実と自身の考えを伝えた。よりよい方向に事態が動いてくれることを期待している。

ヤマガラの芸

かつて、東京・浅草の「花屋敷」周辺では、ヤマガラに「おみくじ」を引かせる芸などが行われていた。ヤマガラの芸は、地方の少し大きめな神社のお祭りの際に、その境内で行われることもあったので、一定年齢以上の人なら見たことがあるかもしれない。

ヤマガラに一円玉を渡すと、それをくわえて賽銭《さいせん》箱に入れ、吊るされた鐘を鳴らした後、社殿の戸を開いて中からおみくじを一枚取ってきて渡してくれる。そんな芸だった。ヤマガラの挙動がかわいらしく、よどみのない行動に見入ってしまうと同時に、しっかりと訓練ができていることに感動した。自分でもヤマガラを飼いたいと思ってしまうほどの芸だった。

ちなみにヤマガラは一九九七年ごろまではふつうに売られていて、東京駅の大丸デパートなどにもいた。そこで見たとき、一羽連れ帰っていれば……と今でも思うことがある。

そんなヤマガラの芸の歴史はとても古い。およそ八〇〇年前にはじまる鎌倉時代にはすでに行われていて、籠の中のヤマガラの様子を詠《よ》んだ和歌なども残されている。

餌の入った小さな桶を籠から吊るし、ヤマガラにたぐり上げさせる「つるべ上げ」と呼ばれる芸のほか、輪くぐりや鐘叩きなどがあった。江戸時代から昭和にかけて、多くの人の手によってさまざまな芸が開発され、見物者の目を楽しませたという。

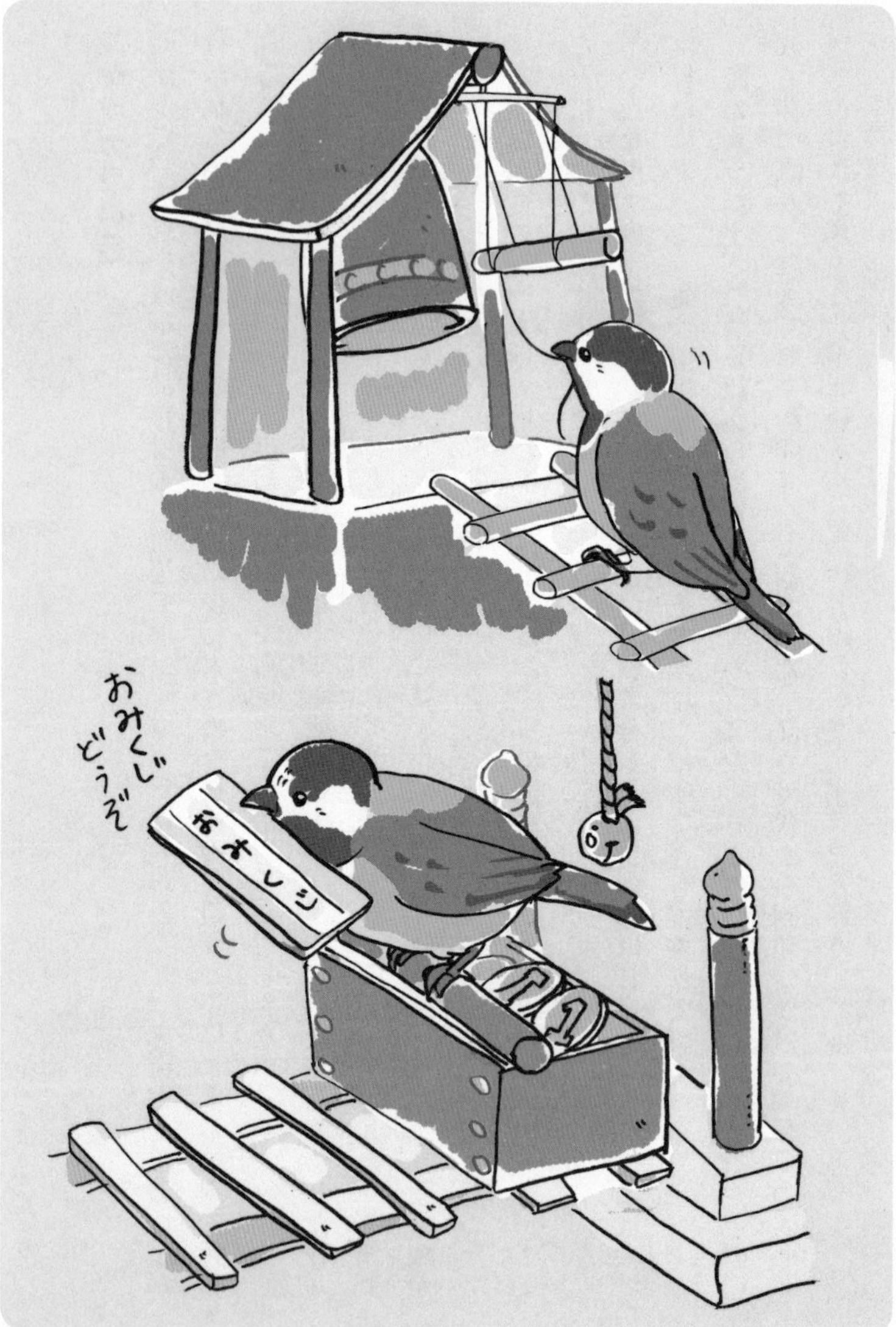
おみくじ
どうぞ

ヤマガラ以外ではヒバリの芸も有名だった。馴れたヒバリを屋外に連れ出して、開け放った籠の扉から飛び立たせ、上空でひとしきり囀《さえず》らせたあと、自分から籠に戻らせる。それは見映えのするかなりダイナミックな芸であり、よく訓練しないとできないものでもあった。

無形文化財ともいえるそんな鳥たちの芸が、「鳥を飼うべきではない」という主張によって消滅した。とても残念なことだ。今ならまだ、そうした芸を行っていた人物から学ぶなどして残すことがぎりぎり可能かもしれない。だが、十年後にはそれもできなくなるだろう。

野鳥飼育が禁止されるまでは、数百年という時間をかけて培《つちか》われた和鳥《わどり》を健康に過ごさせるための餌づくりの技術も日本には存在していた。それは、三〇〇年前、二〇〇年前に生きた鳥の飼育者たちが、先人から受け継いだものを高めて、のちの飼育者へと伝えてきたものだ。こうした技術も、一度失われてしまったら二度と手にすることはかなわない。

たとえば今後、絶滅が危惧《きぐ》される鳥が出たとき、なんとか餌を食べさせて命をつながなくてはならなくなるかもしれない。そのときになって、あの技術があれば、と思っても遅い。

司法取引も活用しては？

法律による制限が強化されるにつれて、かつては問題なく飼えていた鳥も飼育ができなくなった。違法行為として、逮捕されることになった。ウグイスやメジロを大量に飼っていた人物の摘発が今も続いている。現在、こうした鳥を飼っているのは主に高齢の男性で、闇の鳴き合わせイベントで高額を得るために、犯罪と知りつつ鳥の飼育を行うケースも多い。法は法だ、と言われれば受け入れざるをえないが、なにかがおかしいと感じてもいる。

鳥の飼育を止めたのは、乱獲で種の維持ができなくなるとか、そういった理由ではなく、「人間は鳥を飼うべきでない」というひとつの主張だ。その主張が、本来ならならなくてもいい多くの人を犯罪者にしてきたと言ってもいい。鳥の飼育を違法化しなくても、鳥を不幸にしない方法はあったのではないかと思う。今こそ、それを考えるときではないだろうか。

そして、もう一点。日本でも、有効な情報を教えることで自分の罪を減らすことができる司法取引ができるようになった。その法律を少しだけ変えて、鳥を飼育して有罪となった人から無二の有益な情報をもらうことはできないだろうか。

なぜなら今、鳥を違法飼育している高齢者の頭の中には、失われかけている「和鳥の餌づくりの生きた情報」があるからだ。もう、そこ以外にほとんど残っていない情報。その方が亡くなってしまえば、この世から消滅してしまう情報。それをなんとかして残したい。

はたして法的にそういうことが可能なのかどうかはわからないが、「和鳥の餌のことを中心に、もっている飼育情報を提供してくれたら罪をなかったことにする」という司法取引ができたなら、失われつつ文化を維持するという点で、とても有効ではないかと思う。

2章

未来を決めた日、鳥と深い縁ができた理由

ニワトリにごめんなさい

今なら、それが〝よくないこと〟とわかるが、小学校低学年の男子（＝自分）は、理解が不足していて、ニワトリに迷惑をかけた。気温が零度《れいど》前後に下がった寒い冬の日、凍えた両手を突然、両脇に差し込まれたメンドリは、どんなにかびっくりし、どんなにか迷惑だったことだろう。

謝って済む問題ではないけれど、本当に深く謝っておきたい。ごめんなさい。そして、心臓発作とか起こさなくて本当によかったです、と伝えたい。

祖父の家のニワトリ小屋で

小さい頃、岩手の田舎に住む母方の祖父の家には、ふつうサイズのニワトリやチャボ、ハト（伝書鳩《でんしょばと》）、カナリアがいた。まだ時代は昭和だった。

ニワトリは十数羽いたが、そのほとんどがメスで、卵を採り、ときにツブして肉にしていた。そういう場面に立ち会うことはほとんどなかったので正確にはわからないが、食料にされたのは、たぶん一年に一・二羽のペースだったと思う。

祖父宅には、お盆やお正月など、毎年、何度も遊びに行った。親の兄弟姉妹が五人、従兄弟・従姉妹が十人近くいて、歳も比較的近かったので、みんなが集まったときはにぎやかだったが、自分ひとりだけのときもあった。静かすぎて、退屈することもあった。

そんなときは、ニワトリの小屋に入って遊ぶのが習慣になっていた。ただ眺めていても飽きないし、重量感のある鳥を抱きかかえるのも好きだった。比較的おとなしい種だったこともあり、変な抱き方さえしなければ、腕の中でおとなしくしてくれた。

お正月やその前後は、一日中気温が零度以上にならない真冬日もあり、手袋をしていても指先が凍えた。そんなときは手袋を取った状態で鳥小屋へ行き、膝の上でニワトリを抱きかかえたのち、両手を翼の下に。そうして暖をとった。はからずも絶好の「暖房」になった。四十二度の体温は、とてもあたたかく感じた。

こちらはほっとしたが、ニワトリからすれば、脇に突然、氷柱《つらら》を差し込まれたようなもの。ジタバタ、足が届くところを蹴り上げるなどして、とにかく必死で逃れようとした。振り返って顔を突つこうとしたり、嘴をペンチのように使って皮膚をひねり上げることもあった。ときに我慢できないほどの痛みになったのは、「嫌!」という彼女の強い気持ちのせいもあっただろう。

ニワトリの必死の抵抗はだいたい成功して、実際に温かさを感じていた時間はいつも数秒。逃れたニワトリは追撃やしかえしの攻撃をすることもなく、子供の背丈よりも高いところに上がって安堵《あんど》の表情を見せ、あとは知らん顔をきめこんだ。

すぐに忘れてくれて、長く恨みを持ち続けるようなことはなかったと思う。たぶん。

仮病に協力させる子供も

SNSなどで聞いてみたところ、小さい頃におなじようなことをした経験をもつ人がそこそこいた。そういう行為を通して、鳥のあたたかさを知った、という声もあった。

だが、それ以上に多かったのが、どうしても学校に行きたくなかった日に、ニワトリの脇に体温計を差し込み、表示を上げて「熱が出た」と親に報告。まんまと学校を休むことに成功したという人たちだ。そのまま測ると四十度を超えてウソだとバレるので、少しだけ振って表示を三十九度くらいに下げてから親に見せるのが成功の秘訣だったという。

　昭和の終わり頃から、部屋でニワトリを飼育する人も少しずつ増えてくる。お座敷《ざしき》鶏《どり》というやつだ。実質的に、そんなニワトリたちは、ペットというより、もう少し家族的な立ち位置にいた。そういうニワトリに協力してもらったと聞く。知恵である。

　その際に活躍したのが「水銀式」の体温計だった。この時代になるとデジタルの体温計も普及をはじめていたが、デジタルではこの不正は不可能なので、あくまで水銀式の体温計が使われた。

　小学生の頃、自宅にいたのは、ジュウシマツなどのあまり馴れていない小さい鳥ばかりだったので、こういうことはしたことがなかったが、体温計を使った鳥の体温計測は子供の頃にやってみたかったと聞きながら思った。祖父の家でやってみればよかった。

鳥がいるのがあたりまえだった

小さい頃、祖母とハトはセットだった。

といっても、いつもいっしょにいたわけではない。祖父が家を建てたときに玄関の前で祖母を撮った写真があって、その写真の祖母が割烹着《かっぽうぎ》の胸にハトを抱いていたのだ。その写真のイメージがなぜか強く残っていて、そんなふうに思っていたのだと思う。実際に祖母がハトを抱いていた姿を見たのは、ごく小さい頃に一、二度だけだった気がする。

そのハトは伝書鳩のレースをやっていた母親の一番下の弟のもので、物置の屋根の上にハト小屋をつくって毎日、空を飛ばせていた。

彼は、原種のカワラバトに近い、翼に黒い二本線が入っているハトを「二引《にび》き」、灰色の翼の羽毛に黒色のドットがたくさん散っているような斑模様のハトを「灰胡麻《はいごま》」、アルビノ系を「純白」などと語ってくれた。

いろいろ細かく教えてくれたが、幼稚園から小学校低学年の子供の頭には難しすぎて、全部はおぼえられなかった。ただ、ハトには基本となる模様があって、さらによく見ると一羽一羽ちがっていて、ちゃんと見分けがつくことを、八歳にして理解することとなった。

それぞれ性格的なちがい――個性があることも、そのときに知った。子供の実感としては、ニワトリよりもハトの方が性格のちがいがはっきりしているように感じられた。

ハトのおもしろさに目覚めた少年（＝自分）は、頼み込んでハトを分けてもらい、自宅の狭い庭の高いところに小屋をつくってもらう。が、夢は二日目にあっけなく終わった。ハトが出入りするための戸から侵入したネコが、そこにいた三羽すべてを咬み殺したからだ。

飼いネコか野良かはわからない。塀から低い屋根、屋根からハト小屋へと移り、中へと侵入したと教えられた。ネコは食べるためでなく、そこにいた獲物をただ殺したくて殺した。全員がひどい血まみれ状態だったが、食べた痕跡はどこにもなかった。

その日からしばらく、どのネコを見ても憎しみしか感じられなかった。家族的な親近感をもっていた相手を殺された怒りはおさまらなかった。そして、トラウマが残った。ハトはもう飼わない。祖父の家で、見て、さわるだけにしようと固く決意した。

初めてのブンチョウ

そんな子供の頃、親戚の家に行くと野鳥のウグイスを含め、なにかしらの鳥がいた。

ハトを飼っていた母の弟はカナリアも飼っていて、繁殖も行っていた。木の板を切り出して、繁殖用の籠も自作していた。その作業を眺めるのが好きだった。

仙台の従兄弟の家に行っても、セキセイインコがいたり、ハトがいたりした。最初はドバト（＝伝書鳩）だけだったが、僕が大学生の頃には保護をしたキジバトもいたと記憶している。

そんな環境で育ったので、幼い頃の記憶は、鳥の姿や声や体温と、さまざまにリンクしている。

自分の鳥を初めて手にしたのは、小学校の二年生か三年生のとき。当時は、市が所有する体育館などを使った鳥の展示販売イベントのようなものがあって、そこで買ってもらった。

弟と二人で世話をするという約束で、シロブンチョウとサクラブンチョウの雛を一羽ずつ買った。今、世間的には「インコの人」と思われているが、鳥暮らしの始まりはブンチョウだったのである。

厳密には、それ以前にも、家に飛び込んできたケガをしたスズメを飼っていたことがあるので、スズメが

先といえば先なのだが――。

その後、「増えすぎてしまったから」と友だちからジュウシマツをもらい、小学五年生のとき、別の友だちから「親の転勤が決まったけど、こんなにたくさん連れていけないから……」と二羽のセキセイインコを譲り受けた。その家ではどんどん雛が孵《かえ》って、二十羽以上の大所帯になっていた。

昭和の後半は、こんなかたちで鳥を譲られることがけっこうあった。

ジュウシマツは家では繁殖せず、それほど長くはいっしょにいられなかったが、当時一歳未満で家にきた二羽の緑の原種系セキセイインコは、小学校の最後の二年間と、中学、高校、大学とずっと家にいて、社会人になるまで仲むつまじく生きていた。

計算すると十三～十四年生きた勘定になる。当時としては長寿だったと思う。

ホトトギスの声は深夜の定番

少なくとも、十三歳から夜型だった。

翌日の学校の授業を考えて、さすがに朝まで起きていることはなかったものの、だれもが寝静まった深夜は、やりたいことがやれる、自由を満喫できる時間だったからだ。

作家になると決めたのは十四歳だが、中学生になってからは、ほぼ毎日、夜に一冊以上、本を読んだ。勉強しているしていないにかかわらず、午前二時までは起きている生活がはじまったのはこのとき。本を読んでいるか、小説を書いているか、その設定を創っているかしていた。ときにラジオの深夜放送も聴いていたが、意外に聴いている友人は少なかった。

ツイッターを読まれている方はよくご存じのとおり、今も寝るのはだいたい午前三時から五時のあいだ。つまり、生活リズムは中学生のときからあまり変わっていないということ。

中学、高校は岩手にいた。住んでいたのは沿岸部だが、民家のすぐそばまで山が迫っていたせいもあって、自分の部屋からウグイスの声を聞くこともできた。スズメは通学時を中心に毎朝見ていた。

夏場、深夜から早朝に、そんなに高くない空を飛びながら鳴いていたのは、ホトトギス。

期末試験のときなど、一夜漬けをしていると、朝までのあいだに何度もその声を聞いた。音源が上空を移動することから、飛びながら鳴いている、ということを初めてはっきり認識した鳥でもある。ホトトギスがカッコウの仲間で、ウグイスに托卵《たくらん》することを知ったのは、しばらく後のこととなる。

ホッチョン、カケタカ？

ホトトギスは、「キョッキョ　キョキョキョキョキョ」と鳴く。

さえずりが綺麗な鳴禽《めいきん》のようにトリルを響かせることも、鳥ごとに個性を発揮することもあまりなく、ほとんどのホトトギスが似たような声の響きで鳴く。

鳥の声が日本語としてどう聞こえるかを示したものを「聞きなし（聞き做《な》し）」と呼ぶ。ホトトギスの鳴き声は、「特許《とっきょ》、許可局《きょかきょく》」とか「テッペン、カケタカ？」などとあらわされてきた。

ホトトギスの声が耳にどう聞こえるかという話は、中学や高校のときにもまわりとしていたが、「聞きなし」という言葉を知ったのは大学生になってから。本を通して知った。

その際、ホオジロの声が「一筆啓上仕候：いっぴつけいじょうつかまつりそうろう」と聞こえるとか、ツバメの声が「土喰《つちく》って、虫喰《むしく》って、シブーィ」と聞こえるとか、本には書かれていたが、今に至っても、そんなふうに聞こえたことは一度もない。オスのウズラの声が「アジャパー」と聞こえたことも皆無。自分には理解できないものも、実は多い。「聞きなし」がいつはじまって、どう定着したのか。興味をおぼえてずっと調べているが、まだ納得のいく結論は見つけていない。その鳥が好きな人たちのあいだで連綿《れんめん》と受け継がれてきたことはわかるし、その過程で新たなものが追加されたこともわかる。古いものは江戸時代やそれ以前につくられたこともわかった。

たとえば江戸時代は駄洒落《だじゃれ》を含んだ言葉遊びも盛んで、文字が読めない人のための絵によるカレンダー「絵暦《えごよみ》」なども存在した。江戸時代の「聞きなし」には、絵暦と共通するような遊びの心もあって、そうしたものが後世にも受け継がれた印象がある。

サンコウチョウの「ヒー、ツキ、ホシ、ホイホイホイ」など、声の聞きなしがもとになって鳥の名称が確定した例もあった。この「ヒー、ツキ、ホシ」は「日、月、星」で、だれもが知る「光り輝くもの」を三つ羅列しているから「〝三光〟鳥」で「サンコウチョウ」。

なお、以前に野鳥の本を書いたときや小学館の図鑑の編集に関わらせていただいたとき、サンコウチョウの声をネットや市販の音源も含めてたくさん聴いたが、月は「つき」とは聞こえず、どうしても「ちゅき」と聞こえてしまう。それでも強引に「月」と聞きなした先達《せんだつ》の意地を感じた。こうした個別の事例を掘り下げるのも、なかなか楽しいものがある。

話をホトトギスに戻すと、かつてその声が「ホッチョン、カケタカ?」と聞こえていた人もいたらしい。これを「包丁、かけたか?」の意味にとった逸話があることを、中学生のときに物語的に聞かされた。

あるとき、包丁で殺人か重度傷害の刃傷《にんじょう》事件を起こした者がいた。警察から逃れ、誰も住んでいないある古民家に逃げこんだ犯人だったが、夜な夜な屋根の上を飛んで鳴くホトトギスの声に、だんだんと罪の意識が増し、耐えられなくなって自首したというもの。

犯人の耳にはその声が「ホッチョン、カケタカ?」と聞こえていて、毎晩、暗闇の中に身を潜めながら、「お前が包丁を突きたてたな?　わかっているぞ」と責められていると感じたのだという。

昔話の匂いがする近現代の話として、とても興味深い。精神的に追いつめられると、鳥の声さえ自分を責める言葉に聞こえるという民俗学的逸話。

作家になると決めた日

自分が中学生だった頃はまだ、「中二病」という言葉も概念もなかったが、振り返って考えると、中学二年の自分はまちがいなく重篤《じゅうとく》な「中二病」の「患者」だったと思う。

なぜなら、十四歳のある日、「僕は作家になる」と明確に、きっぱりと心に誓ったから。できればなりたいとか、なるのが夢とかではなく、「作家になる」ということが自身の中の確定事項となって、それ以外の未来は考えられなくなった。意志をはっきり固めたその日から、「作家になるにはどうしたらいいか。ずっと書き続けるための方法」だけを考えた。

もちろんそれ以前も、書くことに関心はあった。ただ、その気持ちはどこかふわふわしたもので、小説などの文章を書くとかではなく、自分の足で各地を歩いて、それを文章やVTRにまとめたいというようなイメージだった。なので、小学生の頃は作家よりも、海外に取材に行くレポーターやカメラマンに憧れた。

中学一年生の後半から、ハヤカワや角川、創元推理の翻訳物を中心に、文庫を大量に読むようになった。小学生の頃からSFやファンタジーを読んでいたが、家の全集や、図書館にあった同ジャンルの作品をすべて読み尽くしたことで文庫に流れた、というかんじだ。

読んだSF作品の舞台設定を借りて、小説を書いてみるようにもなった。自分で設定を考えて、オリジナルのものも書くようになった。やがて、自分が書きたいものを書くには、宇宙、異世界、海底、地底など、さまざまな情報が必要だと気づく。科学書、科学系読み物、科学系のエッセイなども、片っ端から読むようになった。毎日深夜まで起きている夜型の生活になったのも、読みたい本が常に山のようにあったからだ。

才能がないことを前提に計画

ただ、自分に才能があるとか、そんなことを思ったことはただの一度もなかった。大量に本を読んではきたが、それだけでなれると思うほど、現実を欠いてはいなかった。

なにかを書くごとに、自分の語彙《ごい》の少なさ、表現の幅の狭さが嫌になった。この点については、早く大人になりたいと本気で思っていた。国語辞典や百科事典がよい暇つぶしになるとわかったのは、ちょうどこの時期。飽きるまで何時間も読めた。

親が医者だから医者になる。職人の家に生まれたから職人になる。そういう子たちを見て、あぁ、そうか、と思った。道づくりは、そうすればいいのか、と。彼らは大人になるまでに必要なことをやって、必要な経験と知識を手に入れる。そうすることで、なろうと思った職に就く。なろうと思った大人になる。そうすればいいんだと悟った。

作家になるとしたら、自分はどんな作家になりたい？　自問したとき、頭に浮かんだのはアイザック・アシモフだった。作家で、科学者で、エッセイスト。児童小説から大人向きの小説、科学エッセイ、学術論文まで、科学に関するものならなんでも書く。そういうふうになりたいと思った。アイザック・アシモフになりたい！

作家としてやっていくにはどんな知識も必要だから、全教科まじめに勉強しようと思った。そのうえで、理系に進むことを決める。科学系のものかきになるために。

単純な思考だが、アイザック・アシモフやエドモント・ハミルトンの影響を受け、手塚治虫の影響を受けて育ったことで、二十世紀の後半から二十一世紀は科学の時代になると予想ができた。ゆえに、理系に足場を置いた作家になれば、食いっぱぐれはないと思ったのだ。

大学は物理学科一本に絞った。科学系の文章を書くなら、物理学科以外はありえないと思い込んだ。こうした進路の大部分を十四歳の夏に決めていた。というのも、幸か不幸か、中学二年の夏は、想定外に考える時間がたっぷりあったから……。

夏休みに入った二日後、海にキャンプに行った。ショートカットしようと国道から浜に飛び下りたのは、今考えても痛恨のミス。そこで割れた牛乳ビンの欠片を踏んで、右の足の裏を通る神経や腱《けん》を何本も切る大ケガをして、ひと夏、松葉杖で過ごすことになってしまう。おかげで所属していたテニス部の練習にも行けず、鳥を眺め、その声を聞き、本を読んで

文章を書くだけの日々となってしまった。ただ、その時間があったからこそ、今の自分があるのも真実。中二はやはり、人生の上での転機だったのだと思う。

世が求めるものが書けるなら作家に

自分はある点、ものすごく不器用で、ほかの子がふつうにできることがふつうにできない子供だった。例えば、美術の時間の枠内で絵を仕上げることも、工作を完成させることもできなかった。けれど、家にもって帰って時間をかけると、納得できるものに仕上げることができた。テニスもほかの人より時間をかけると、ちゃんと上達した。

だから、「自分は、なにをやるにも時間がかかる。ときに数倍から十倍以上も」、という自己判断が小学生の頃からできあがっていた。同時に、充分な時間がかけられれば、ほかの子よりもずっと完成度を上げることができる。それは、自分の長所だ、とも。

自分に才能があると自惚《うぬぼ》れたことはなかったが、それでも十四歳の今まで生きた時間よりも長い時間、たとえば二十年という時間があって、その期間、作家になるということだけにすべてをかけていれば、きっとなんとかなるとも思った。

そんな気持ちから、「二十年計画」をつくる。とにかく無理はせず、必要なことを順番に積み重ねていけば、十四歳の二十年後、三十四歳には作家になっていると信じた。そして、自分が書くものが世の中にとって本当に必要なものであるなら、いつか自分は作家になれるとも思っていた。きっと呼ばれるはず、と。そんな自分の支えとなっていた言葉がある。

「自分には自分に与えられた道がある。天与《てんよ》の尊い道がある。どんな道かは知らないが、ほかの人には歩めない。自分だけしか歩めない、二度と歩めぬかけがえのないこの道」

それは松下幸之助《こうのすけ》の言葉。完全にこのとおりの言葉だったかどうか、記憶は定かではないが、内容的にはこのとおり。

この言葉のとおりに、自分にしかできないことがきっとある。それが世の中に必要なことなら、かたちあるものを世の中に残していけるはずと、奇妙な自信をもって思っていた。

本当に、どこに根拠があるのかわからない、まさに中二病的な思いだが、そういう思いには、未来を切り拓く力があるのだと、今、あらためて思う。そして、才能なんてどこにもなかったとしても、信じて二十年も継続できれば、けっこうなんとかなるものだと。

三十代半ば以降、専門書を含む科学系や歴史系の書籍や雑誌記事を書き、マンガやライトノベル、アニメ、児童文学とも関わり、学術論文を書き、ときに大学で教えたりもするようになった。広く、省庁がらみの仕事もする。さまざまなテーマで講演をさせていただくことも増えた。声優さんや舞台とも接点ができて、そちらと絡んだ仕事をすることもある。

まだまだアイザック・アシモフには届かないが、足元くらいには近づいたように思う。

この先も迷わずに

二〇一一年、思いがけず、懐かしい言葉を聞く。声優で舞台女優、歌手でもある高垣彩陽《たかがきあやひ》さんが、コンサートの場において、「私のゆくてには、私にしかできないこと、私にだけできること、そういう尊い人間の仕事が私を待っているはずだ」という言葉を口にしたのだ。彼女が強い影響を受けた言葉で、それがあって今の自分があると。

それは、かつての自分を支えてくれた言葉とおなじルーツをもつもの。

その才能と人間性に惹かれ、デビューからずっと応援してきた。ライブや舞台からたくさんのエネルギーや刺激をもらった。「声優」という職につくために音楽大学の声楽科に入ったという高垣さんの未来選択には、理系の作家になるための自分の大学選択と近いものを感じてもいた。そんな方から思いがけない言葉を聞いて、嬉しさと感動が募った。自分が内にもっているものを信じることがいかに大切か、彼女の言葉があらためて教えてくれたから。

今、多ジャンルの仕事を同時にこなしているので、とんでもなくハードな日々になっている。そんな暮らしが維持できているのも、定期的にさまざまな舞台やライブ、コンサートに行き、そこから生きるためのエネルギーやインスピレーションをもらい続けているおかげだ。それらがモチベーションの維持にも大きく貢献してくれていることは言うまでもない。

二月十一日は、インコ記念日

「逢いたい、逢いたい」と強く願っていれば、届くような気がしてならない——。歌の歌詞的とか、少女マンガ的願望と言われることもある。だが、そんな願いが実現する未来も確かにあると、原稿を書いている机の先に見える鳥たちの静かな寝顔を見ながら思う。

「また鳥と暮らしたい」、「こんな子に来てほしい」と口にした願いが、そのまま現実化したことが、一九九七年から二〇〇〇年のあいだに二度もあったからだ。

青いインコ

一九九七年の二月十一日は、薄曇りの寒い日だった。夜半には氷点下になるという予報もあった祭日の夕刻、駅前の本屋に行こうと家を出た。日が落ちた直後で、まだなんとか明るいものの、じきに暗くなるという時間帯だった。

横断歩道を渡り、幹線道路に沿って歩きはじめた直後。こんなところにいるはずのない青いものが目にとまった。逢魔《おうま》がとき。でも、出会ったのは、青い天使。

セキセイインコ。ブルーオパーリンの子が、金網の垣根のところに止まっていた。

籠脱けしたのはまちがいない。だが、いつも歩いているこのあたりで、家の中からセキセイインコの声を聞いたことはなかったし、通りを外れれば、駅とのあいだは畑。民家はない。つまり、少し離れた場所から逃げ出して、ここまで来たということ。

目が合った瞬間、なにも考えることなく、その子に、「うち、くる?」と聞いていた。

驚かさないようにそーっと手を伸ばすと、すぐに乗ってきた。

足が冷たい。外は寒いし、金属は熱を奪う。最低でも数時間、もしかしたら一日以上外にいた? だとしたら、かなり寒くてひもじかっただろう。

そのタイミングでは、その子はまだかなり緊張していた。とにかく家に連れて帰ろうと横断歩道のところまで戻ったところで、勢いよく横を通りすぎたトラックに驚いて、枝が落ちた街路樹の上の方に飛び上がる。手で覆わず、ただ指に止まらせていたことを後悔した。

「おいで。帰るよ!」と、二メートル以上の高さにいるその子に呼びかけ、待つ。自分と樹上のインコを見た、信号待ちをしていた老婦人が、「降りてきますか?」と訊いた。

「たぶん」と答えた。そしてその子を見上げて呼びかける。

「行くよ。ずっとそこいたら置いてくよ。いいの?」

それから三十秒と経たずに、その子は降りてきた。不安だったからだろう。これが生き延びるための唯一にして、最後のチャンスかもしれないと感じたからかもしれない。

うち
くる?

びっくりさせないように、また逃げたりしないように、胸に抱いて家に連れ帰った。

そのとき家に鳥はいなかった。社会人になって、仕事をはじめたばかりの頃は寮にいた時期もあったので、鳥との暮らしからは少し離れていたのだ。

その頃の自分といえば、『大江戸飼い鳥草紙』（吉川弘文館）を書くための資料集めをしつつ、飼育書なども含めていろいろ鳥の本を買い集め、読み返していた時期だった。また当時は鳥マンガがブームで、さまざまな出版社から鳥マンガが出版され、同人誌の即売会でも描かれたマンガがたくさん並べられていた。もちろん、手に入るものはすべて買った。

鳥マンガのページをめくりつつ、仕事場のスタッフと以前飼っていた鳥の話をしながら、「セキセイインコとか飼いたいねぇ……」という会話をして、昔、家にいたのがすべて緑色の原種系だったことから、「次に飼うとしたら青い子がいい」と力を込めて話したのは、道でその子と出会う十日ほど前のことで、その後も「青いインコ」とたびたび話をしていた。

青い子と出会いたいという願いと、路頭に迷っていたその子の「助けてくれる人に逢いたい」という気持ちがつくった、偶然、いや必然の「出会い」だったのだと思う。

だが、その子と出会ったときは、家にはケージもなく、食べさせるものもなにもない。当然、買いに行かなければならなかったが、とにかくその子がしがみついて離れず、三十分以上も出かけられなかったことをよくおぼえている。

「寒かった。怖かった。もう独りは、絶対に嫌」という声のない主張が、力をこめてぎゅっと指を掴《つか》むその足から強く、強く、伝わってきた。

「お腹すいてるでしょ？　食べるものを買ってくるから、待ってて」と何度も言ったけれど、「いいから、しばらくいっしょにいて」というその子の強烈な意思に逆らえなかった。

気持ちがわかるだけに、無碍《むげ》にできなかった。観念して、少し安心するまでそばにいた。

当時はまだインターネットは十分に普及しておらず、パソコン通信の全盛期。ニフティサーブの中の鳥関係のフォーラムで近所の動物病院の情報を探して連れて行き、できるかぎりの方法で飼い主探しをしたものの、夏になっても見つけることはできなかった。結局、その子はピィと名づけられて、うちで暮らすことになった。そして、その日が記念日となった。

白いインコ

ブルーオパーリンのセキセイインコと出会ってから三年半。黄色いルチノウのオス、原種系ノーマルのオス、ルチノウのメスと、一年ごとに新たにオカメインコ三羽を迎え、最終的に四羽飼いになっていた二〇〇〇年の夏。ふたたび出会いがあった。

大井町の小鳥屋などでアルビノのオカメインコを見て、かわいいと思い、うちにも迎えたいと強く思った。だが、珍しい品種なので、当時はなかなか見つけることができない。

「オカメ、白い子がほしいねぇ……」と仕事場のスタッフと話し込み、可能性のありそうなお店などに問い合わせてみるも、「いません」の返事が返るのみ。二、三週間、そんな日が続いたある日の午後、なぜか、どうしても新宿の小田急デパートの鳥屋に行きたくなった。今になっても、どうしてそんな気になったのか皆目わからないのだが、とにかく仕事場を離れて、新宿へ。すると待っていたのは、〝数時間前〟に入荷したばかり、というオスとメスのアルビノの雛。数日は様子見で店頭には出さない、という子を見せてもらった。

携帯電話から報告すると、「やっぱり、呼ばれたんじゃない?」と笑ってスタッフ。見た瞬間に、何万円の値札でもオスの子は買おうと思った。でも、もう一羽は……。二羽とも小柄だったが、もう一羽のメスは、オスに比べてさらに小さく、指曲がりで、とまり木に上手く止まれそうになかった。弱そうで、鳥を飼うのは素人という人間が物珍しさから買って帰ったら、ほぼ確実に死ぬ。なによりその子は必死に必死に、もう一羽のオスにしがみつくように寄り添っていて、引き離すことにためらいをおぼえた。たとえよい人に買われたとしても、一羽ではきっと長生きできない……。

逡巡《しゅんじゅん》は短かった。「ください!」と告げ、後日、二羽とも引き取って家に連れ帰った。メスの方は遺伝的な問題もあって、わずか八年しか生かすことができなかったが、オス――ルークはいまもここにいて、外れた音で楽しげに「ミッキーマウス・マーチ」を歌っている。

ブルーオパーリン・セキセイインコの、ぴぃさん。晩年は、すっかり「おばあさん」になった。

雛の時代の二羽。左がルーク、右がちび(小雪)。ケージ慣らし中。当初、70gと60gしかなかったので、かなり小さい。

アルという名のオカメインコのこと

人生を変えた「出会い」が語られることがある。

大抵は人間だが、ときにそうでないケースも見る。アルはまさに、そんな相手だった。

わずか一〇〇グラムのオカメインコ。だが、彼がいたから今の自分がある。

彼の死が迫ったとき、あらゆるものに全身全霊で祈った。世界の理《ことわり》を壊してでも、彼を生かしたいと本気で思った。だが、生きものにとって死は定め。理はくつがえらない。

それでも二人——一人と一羽で抗《あらが》い、勝ち取ったものもある。

たくさんのものを遺して彼は逝《い》った。受け取ったものは、今もこの手の内にある。

嵐の日にやってきた

一九九七年の夏。どうしてもオカメインコがほしくて、夏前から、雛が出回る九月の繁殖シーズンを心待ちにした。七月に取材で十日ほどロサンゼルスに滞在したときも、オカメインコのことが頭から離れず、チャイナタウンの小鳥屋でオカメインコの姿を探したほど。

待望のオカメインコが家に来たのは、雷鳴轟《とどろ》く嵐の日。九月五日くらいのことだったと思う。朝は晴れていたが、代金を支払い、これまでの状況や今後の過ごし方の相談をしていたときには土砂降りになっていた。隣駅のデパート屋上のペットショップからだから、いつもなら一駅電車に乗るか歩いて帰るのだが、その日はためらうことなくタクシーを使った。

正直に告白すると、彼を迎えるまでの数日、心の内でちょっとした葛藤があった。

オカメインコの場合、原種系ノーマルの頭はわりとふさふさだが、黄色いルチノウ品種の頭部には、たいてい大きな無毛部《むもう》がある。生涯に渡って羽毛が生えることのない、いわゆる「ハゲ」。気に入った子は、その無毛部の面積がどんなオカメインコよりも大きかった。

その店にはオカメインコの雛が二羽いたが、彼はとても活発で人懐こく、行くとプラケースの縁に寄ってきて、「出せ、出せ」といわんばかりにケースの縁を蹴った。その姿に一目で魅了された。もう一羽はおっとりした子で、こちらは無毛部の面積がとても小さかった。活発な方の子なら、楽しく暮らせるとわかっていた。きっと、よく懐く。なにより、会った瞬間から好き。でも、こんなにハゲでも愛せるだろうか……。本当に、悩んだ。

けれど、購入する前日、いつものようにプラケースの中で「出せ！」と暴れる彼と目が合った瞬間、「あぁ、この子はうちの子だ……」と、妙な確信がストンと胸に落ちた。いったいなにを悩んでいたのかバカバカしく思えるほど、その悩みはどこかに消えていた。

うちの子、と思った瞬間にはもう愛していた。彼以外に連れて帰る子などいなかった。

大きな無毛部は彼が彼である証。そんなところも愛らしい。

名前なんて、とっくに決まっていた。サッカーのアルシンド選手から取った「アル」。だれがなんと言おうと、精いっぱいの愛情をこめてつけた名前だ。インコには「A」と「R」の発音がしやすいことも知っていてのネーミングでもあった。予想したとおり彼は、すぐに「アルおいで、アル!」と自分でも言うようになった。嬉しい言葉だったからだろう。

家に連れてきたその日、床でタオルケットをかぶり、初めての場所でも物怖《ものお》じせずにいるアルをそこに入れて、いろいろ話をした。

「うちに来てくれてありがとう。がんばって大人になろうね。ずっといっしょにいようね」

ちなみに初日のタオルケットは刷り込みとなり、その後、布団を敷いたままで彼を放鳥すると、中にもぐりこむようになった。そして、中で楽しげに歌ったり、語ったりする。それを聞いたほかのオカメが、「あんた一人、特別扱いでなにしているの! キーッ‼」というニュアンスで叫ぶ。その声を聞いて、嬉しげに自己満足に浸るのも彼の日課となった。

発病、闘病

六歳のとき、アルはオウム病を発症した。うちの鳥たちは全員、迎え入れてすぐにウイルスほかの検査はしていて、アルももちろん検査をしていた。当時は検体をアメリカに送って

いたので、結果が出るまで二週間前後かかっていた。

送られてきた紙では、クラミドフィラ（オウム病）、陽性。すぐさま投薬治療がはじまったが、一週間ほど経ったあと、それはまちがいで病気はありませんでした、とアメリカから再度の通知が届く。かかりつけの横浜小鳥の病院も、アメリカと何度もやりとりをして確認をしてくれたが、最終的に問題なしという結論に落ち着いた。

なのだが――、アルが六歳になった二〇〇三年九月。夜中におかしな咳をするのが気になって検査をしたところ、オウム病を発症していることが判明した。罹患《りかん》した病鳥との接触はなく、ベランダに来る野鳥との接触もなかった。家のほかの鳥たちを数回検査しても、すべて陰性という結果だったので、体の細胞の深いところに潜伏していたものが、なんらかの理由から免疫力が下がったことで出てきたのではないかと告げられた。

病院の待合室で、このまま死んでしまったらどうしようと過呼吸を起こすくらい動揺したことを、今もよくおぼえている。先生に「たすかりますか？」と聞いたことも。

通常、七週間の投薬で全快するはずが、それでは消えず、倍の時間をかけてなんとか陰転《いんてん》。治ったかに見えたが、翌年九月に再発。投薬の再開。完全に問題がないと診断されるまで四カ月がかかった。その後、オウム病が再再発することはなかったが、肝臓に対する毒性の強い抗生物質を長く使い続けたために肝臓に障害が残り、免疫力も低下したままになった。

二〇〇六年には呼吸器にカビが入り込むアスペルギルス症も発症。没する二〇〇八年の九月まで、平時で一、二週間に一度、体調をくずしたときには毎日、横浜の病院に通うことになった。自分の仕事も、通院に合わせたかたちにシフトせざるをえなかった。

病鳥看護の側面

死に至る可能性のある病気の子の看病は辛い。残り時間がどのくらいか、なんとなく感じはじめると、よけいに。

一方で、重篤な鳥の看護においては、鳥自身がその病気の先に「死」の可能性があることを自覚していないことが救いでもある。人間ならば悪い考えに囚われて落ちこんでしまうような場面でも、鳥はそうはならない。痛みやだるさがなければ、いつもとおなじ顔で接してくる。だから人間も悲しい顔など見せない努力をする。いっしょにがんばろうと思う。

こうした看護は、これまでとはちがう状況。いうなれば非常事態。そこに看護される側、する側として身を置くことで、大きく変化することが実はある。

それは、いっしょに過ごす時間の密度だ。二十四時間看護状態になるなど、状況が逼迫《ひっぱく》すると、向き合う時間が増える。複数飼いの場合では、ほかの鳥たちにかけていた時間の大部分も、具合の悪い鳥のために費やすことになる。問題を見逃したら「死」という強迫観念があると、より細かく相手の体や精神状態を観察することになる。その結果、その鳥とのコミュニケーションの密度が、これまでとは考えられないレベルにまで跳ね上がる。

それが年単位になると、おたがいの感情や意思の伝達の速度や精度が変わってくる。鳥と人間のあいだにあった種の垣根が低くなって、意思の疎通《そつう》度が高くなる。声ひとつ、視線ひとつで多くのことがわかり、多くを伝えられるようになる。それをアルの看護で実感した。看病した五年間は、心理的にも追いつめられた大変な時間だったが、とんでもなく幸せな時間でもあった。こんなふうに深く相手のことを愛せて、こんなにも深く相手が理解できるようになるとは思ってもいなかったから。

日本語はわからなくても、そこに込められた思いは確実に伝わっていた。彼の意思や願いも、視線や挙動からスムーズに読み取れるようになっていた。彼と過ごしたこの時間がなければ、心理の本も、みとりの本も、書けなかったのは確かだ。

家に連れてくるときに逡巡《しゅんじゅん》した頭頂の無毛部のあたたかさは、彼がまだ生きている証拠となった。背中を撫でながら、そこに頬やくちびるを押し当てると高い体温が伝わってきた。彼は、そこを撫でられるのが好きだった。羽毛越しでなく、直に皮膚と皮膚が触れて、たがいの体温や気持ちが行き来するのを感じられたからだろう。うちに来てから、何十万回も撫で、無毛部に鼻をつけて体温を感じた。もっともっと撫でろと、日々、彼は要求した。

奥がセキセイインコの、ぴぃさん。手前がアル。異種でも意外に仲が良く、よくそばにいた。

モニターの上から仕事を眺めるアル。たまに机に降りては、自分も手伝うよという顔で、嘴でよくキーボードの端を叩いていた。

約束

彼は、この家に来たのとおなじ日に空に還《かえ》った。その日は朝から晴れていたけれど、午後にきつねの嫁入りのような雨が降った。嵐ではない、優しい雨。涙雨《なみだあめ》。

ずっと体調は低空飛行だったものの、なんとか命を繋いでいたその年のお正月。彼はなにも食べられず、危篤《きとく》状態になって入院した。尿がすでに黄緑色で溶血《ようけつ》反応が出ていた。

その足で川崎大師に向かい、お祓《はら》いをしてもらい、家に帰ってから、あらゆる精霊に全身全霊で祈った。「彼をたすけてください。たすけてくれたら、なんでもしますから」と。

そして鳥の神様に祈る。「彼の命を一日でも長く地上にとどめてくれたら、残りの人生のすべてを鳥たちに捧げます」と。鳥のために書き、語り続けると誓った。

願いは叶った。もう尽くす手がないと言われながらも一週間で退院できた彼は、十一歳の誕生日を過ぎ、九月まで生きることができたのだから。だから僕の命は鳥の神様のもの。

彼を茶毘《だび》に付した翌日、江ノ島で海を見ながら、企画書を書いた。それは、『身近な鳥のふしぎ』と『知っているようで知らない鳥の話』として出版された。十月に刊行予定だった『鳥の脳力を探る』の「はじめに」に、アルの写真を載せた。キャプションには、「ともに暮らすオカメインコの〝アル〟」と。そこに、生きていた彼の姿を永遠に留めた。

3章

鳥と暮らしてわかったこと

飼い鳥は、野生とはちがう生きもの

長いあいだ、「鳥はバカ」と思われ続けてきた。鳥の脳についての理解が進んでいなかったことに加えて、野生で暮らす姿しか注目されてこなかったことが大きい。

飼育され、安全・安心な環境で暮らすようになってわかったことや、人間と深く心を交わすようになって初めてわかったこと、研究室で心理学的な実験が行われてやっと判明したことは多い。裏を返すなら、そうしなければわからなかったことがとても多いということ。

アメリカのアイリーン・ペッパーバーグ博士は、大型インコのヨウムに人間の概念や言語を習得させることが可能なこと、訓練によって身につけた言葉による会話や、ヨウム自身の思考をもとにしたコミュニケーションが可能であること、さらには、鳥にも「零《ぜろ》の概念」があることなどを証明してみせた。亡くなったアレックスという名のヨウムがこの領域に残した功績はとても大きい。

シロビタイムジオウムに道具の製作や利用、仲間の行動の模倣が可能であることが判明したのも、彼らを飼育している研究機関があったからだし、カレドニアガラスには先輩ガラスの行動を模倣《もほう》するだけでなく、みずからの頭で考えて道具を零から生み出す能力が備わっていたことが証明されたのも、研究室での実験があればこそだ。

鳥は変わる

これまでも多くの本で語ってきたとおり、安全・安心な環境で暮らすようになった鳥は、心と行動様式を一変させて、野生とは「ちがう顔」、「ちがう姿」を見せるようになる。生きのびて子孫をつなげることだけに縛られていた鳥がそこから開放されたとき、これまでできなかった「自由なふるまい」や「思うままの行動」を示すようになる。

おなじ種でも、野生で暮らしている鳥と、人間のもとで暮らしている鳥は、あきらかにちがう行動を見せる。野生下から飼育下に移行することで鳥は変化し、まるで別種と思わせるほどに、心の状態も変わってくる。

たとえば、遊び。鳥も、人間の子供のように遊ぶ姿を見せるようになる。怒りも喜びも嫉《しっ》妬《と》も、心のままに表現できるようになる。感情の幅は大きく広がり、その表現も強くなる。人間などの異種とも深く心を通わせるようになる。期待することをおぼえ、要求することをおぼえる。その例を挙げだすときりがない。

もちろん、すべての鳥がそうなるとは言わない。見かけ上、あまり変化が顕著でないものもいる。それでも多くの鳥が変わると言い切れるのは、セキセイインコやオカメインコ、コザクラインコ、ヨウム、タイハク、拾われたムクドリやスズメの子、カモやウズラ。実にさまざまな種が、野生とは「ちがう顔」を見せるのを見てきたからだ。

野生の鳥は、常に生命の危機と隣り合わせで、心にはいつも緊張がある。生きることにすべてを費やさなくてはならないので、ほかのことに意識や思考を向ける余裕がない。中途半端な好奇心は死を招き、警戒心の弱いもの、運の悪いものは簡単に死んでいく。だから好奇心はほどほどに抑え、常に体を緊張状態にしておく。

また、無駄な動きをすると、余計なエネルギーを使うことになる。十分な食料が保証されるわけではない野生では、エネルギーの無駄遣いはできない。空いた時間があれば眠って節約し、体力維持につとめる。だから野生の鳥は、生きていくのに必要なことだけしかしない。余計なことは考えずに暮らしている。

状況が一変するのは、人間のもとに連れてこられ、そこで暮らしはじめたときだ。家庭にしろ、研究室にしろ、鳥には食事と住まいと安全が与えられる。すると、考える時間ができる。野生では無駄だったことも許される。雛《ひな》から育てられた鳥では、あらゆることが保証されたその空間こそが世界のすべてとなる。

安全な環境は、なにかに好奇心を向けたとしても、そうそう死んだりすることがない環境でもある。有毒な鉛《なまり》などの重金属、有毒な観葉植物、イヌやネコなどの生きものは脅威になりうるが、人間が注意をしていれば、概《おおむ》ね問題なく暮らすことができる。

ただし、変わるのは、まだ心が柔軟な雛から若鳥のうちに人間のもとに来た場合のみだ。よく見る飼い鳥の種でも、人間と接することなく成長し、成鳥になってから人間のもとに来た場合、新たな環境にも人間にも馴染《なじ》まず、野生とほとんど変わらない姿を見せる。

すでに大人になってしまった鳥は、人間を恐れ、人間のいる環境にストレスを感じるようになる。新たな環境に馴染むことができず、ただ苦痛だけを感じて、最悪の場合、体調を悪化させて死に至ることもある。

変わる鳥が変わる部分

鳥が変わるのは、簡単に言えば、それまで生きることのみに費やしてきた脳活動、脳資源をほかに振り向けることが可能になるからだ。それがメンタルを大きく変化させ、周囲や人間のことも、落ち着いて、柔軟に観察できるようになる。

言い換えるなら、鳥の脳は状況や環境に合わせて行動やメンタルを変化させることができる「特別な脳」である、ということ。そういう力をもてるほどに発達している。鳥の脳はきわめてコンパクトなつくりであると同時に、哺乳類とおなじくらい重い。

変わらない鳥は、人間のもとという新たな環境を脅威《きょうい》に感じて、そこで生き延びるためにすべてのエネルギーと脳活動をその対応に回そうとする。脳活動的には野生のままが続く。

鳥の脳がもつ素質は、大型の雑食の鳥や人間と長く接してきた身近な鳥の行動からも垣間《かいま》見ることができる。例えば、食べ物を隠して保存する「貯食《ちょしょく》」の習性をもつ、身近な鳥の代表でもあるカラスは、その発達した脳をフルに使って多くのことをおぼえ、鋭い判断をし、野生の身でありながら人間並みに遊ぶ。

カラスは雑食の習性とその頭脳から、ほかの鳥ほど必死にならなくても十分な食べ物を見つけることができる。大きな体をもっているため、脅威となる敵も少ない。ふだんから安心して、ゆとりのある暮らしをしている。つまり、ほかの鳥では人間に飼育されて初めて手に入る「安寧《あんねい》」を、野生の身でありながらすでにもっている。

キバタンやゴシキセイガイインコなど、オーストラリアの大型・中型のインコ類が人間の住む家にやってきて庭先にあるもので遊んでいたり、南米フォークランド島に棲むハヤブサ科のフォークランドカラカラが、まったく人間を恐れることなく接近したり、その持ち物を足元から盗んでいったりするのも、カラスとおなじ行動原理による。

また、小さな鳥でありながら、古くから人間の生活に寄り添って生きる選択をしてきたスズメなどは、野生であるにもかかわらず、心が少しだけオープンな状態になっていることがある。例えば舞浜から東京ディズニーランドにかけて生息しているスズメは、ベンチでなにか食べている人間の足元などに来て、食べるものを落とすのをじっと待っていたり、なにかちょうだいといわんばかりの目で見上げてきたりする。雑食なので、わけてもらうと、パンくずも米粒も遠慮なくもっていく。

ケガをしたスズメの雛を保護して育てた結果、窓を開けても逃げなくなったり、外に出てもまた戻ってくるほど馴れてしまった例なども見る。ずっと人間のそばで人間を見ていたこともあり、スズメには人間を無駄に恐れない心があり、育てるとブンチョウなみに馴れるものも多い。いや、親世代が野生を知っている分、脳の回転は速く、ブンチョウやセキセイインコよりも、さまざまなものや状況に対する適応力が高いようにも見える。

鳥をより深く、より正しく理解するために

昭和の時代のようにだれもが鳥を飼うようになって、また不幸な鳥が大量に生まれてしまうことだけは絶対に避けたい。だが、「鳥は野にいるべき」という思想に固執することが、鳥についての理解を中途半端な状態にとどめてしまうのもまた事実。

おなじ種であっても、野に生きる鳥と人間に飼育されている鳥とでは、多くの点でまったくちがう顔を見せる。しかし、そのどちらもがその鳥の本質に根ざしているため、両方の姿をしっかり知る――、特に飼育下で野生とは完全にちがう姿を見せるようになった鳥を知ることなしには、真の意味で「鳥を識《し》る」ことは不可能だと考えている。

加えて、鳥の脳やその認知能力、心理についての深い知識なしでは、野生の鳥も飼育下の鳥も十分な理解はできないだろう。より完全で深い理解をめざすなら、心理学的なアプローチも加えた多角的な理解プログラムが必要になる。

怠惰で横着な一面も

鳥は早起き。というのは、ありがちな世の誤解のひとつだと思う。

確かに野鳥は夜明けとともに活動をスタートさせるし、飼育されているブンチョウやジュウシマツなども朝の気配には敏感で、明るくなりはじめる時間帯から起き出して、せっかちな鳥では、鳴き声で飼い主に水や食べ物の替えを催促したりする。

それどころか、「早く起こせ！」と言わんばかりにバタバタ大きな音で羽ばたいて、夢の世界にいた人間を無理矢理、覚醒《かくせい》させることもある。日々のそんな仕打ちに耐えられるのも、ともに暮らす鳥に愛情があればこそだが、聞けば、「慣れます」という苦笑も返ってくる。

なので、常に早起きしなければならない人なら、ブンチョウやジュウシマツ、カナリアなどはよいパートナーになるだろう。ただし、長く寝ていたい日でも、彼らは容赦《ようしゃ》がないが。

しかし、そういう鳥が多いからといって、すべての鳥が早起きというわけではない。例えば、インコやオウムの中には、眠っていることが許されるならいつまでも寝ていたいというものも確かにいる。セキセイインコ、オカメインコとしか暮らしたことはないが、この二十年間にうちで暮らしたインコはみな、日が昇っても、人間が起き出すまでは起きてこない鳥たちだった。部屋が静かなうちは、だれもが惰眠《だみん》を貪《むさぼ》っていた。

いうなれば、怠惰《たいだ》。よく言えば、フレキシブル。な、鳥たちだった。

ブンチョウなどは、起きて活動をはじめたいのに起こしてもらえないとストレスを感じたりもするが、インコはそんなことがない。起こされるまでは寝る、と思うだけ。なので、夜型など生活時間帯がずれているが鳥と暮らすことを検討中という方には、ブンチョウよりもインコをお勧めする。たぶん、その方が人間と鳥、おたがいが幸せになれるはずだ。

オカメインコなどは、人間が起き出した気配がすると、「起きた？」と訊くように声を出したりする。うちではその声が、もう鳥たちを起こしてもいいという「合図」になった。人間が起き出して活動をはじめても静かな場合は、まだ放っておいてほしいのだと解釈した。

ただし、うちのオカメインコの場合、「おはよう」と起こしたとしても、たいていは、とまり木から床に降りて二度寝の体勢に入るだけ。替えたばかりの水を一口飲んで、「じゃ、昼まで寝てるから、お前はちゃんと仕事しろよ」というかんじの一瞥《いちべつ》を投げたのち、背中に嘴を埋めて瞳を閉じる。それがこの二十年間の日常だった。

しかし、うちの最年長のオカメ女子は別。本当に起きない。昼近くになっても起きてこない。窓を開けて風を通し、男子たちを起こして、彼らが二度寝をはじめ、テレビから音が聞こえはじめても起きない。ケージにかけてあるカバーから中を覗《のぞ》くと、「うるさい！」と言わんばかりに、フッ、と威嚇《いかく》の声を返される。それは、もう少し寝るから起こすな、という合図。最終的には、正午のチャイムが外で鳴り響いて、それを放鳥開始の時間と認識している男子が二度寝から起き出して、「出せ！」と騒ぎはじめたタイミングで起こすことになるのだが、起こしたその顔には「迷惑」とはっきり書いてある。お前は本当に鳥か、とも思う。

そういうわけで、「鳥は早起き」というのは世の誤解であり、そうでない鳥も確実にいるということを、ここに明記する次第。

蛍光灯の紐を延長するタイプ

いつまでも寝ている彼女は菜摘《なつみ》で、章末に入れてある「心配症の鳥」とおなじ鳥なのだが、彼女には、ほかにも横着な一面がある。それは、「あと一歩を踏み出さない怠惰」だ。

菜摘は大きめの体格をしている。彼女の適正体重は一〇五〜一〇八グラム。オカメインコの平均よりもやや大きい。そんな彼女は、伸ばそうと思ったら、けっこう長く首が伸びる。生活する中、彼女が最大に首を伸ばすのは、「水を飲む」ときだ。

餌入れや水入れにはたいてい、鳥が止まって食べたり飲んだりするためのステップ状の張り出しがある。が、水を飲む際、彼女はけっしてそこには降りない。降りたことがほとんどない。餌入れで食べるときはちゃんと降りるのに、水のときは降りようとしない。

どうやっているかといえば、とまり木でおもいきり前傾姿勢になり、そこからさらに首だけを伸ばして水を飲む。あきらかに不自然な体勢なのだが、彼女にとってはそれが唯一の水飲みの方法なのだ。

昭和の頃、六畳一間に暮らす怠惰な青年を描いたマンガやドラマで、部屋の真ん中にある蛍光灯の紐に、さらに長い紐をつなげ、床に寝ている状態でも、それを引っぱって蛍光灯を操作するような絵が描かれることがあったが、なんというか、まさにそれを連想させる図なのだ。「この横着者《おうちゃくもの》！」と言っても、二十三、四歳の彼女はまったく耳を貸さない。

こんな面も鳥にはある。そしてそれも、個性の一端《いったん》となっている。また、一度ついてしまった生活スタイルが簡単には変更されないのは、人間だけでなく鳥にもいえることらしい。

そんなところもまた、愛らしくはあるのだが。

今日は家から出たくないと引きこもりモードの菜摘。しかし、ほかの子が全員外で遊んでいると、「出して！」と呼ぶ。

飼い鳥はなぜ「まね」をするのか

うちのノーマル種（原種系）のオカメインコ・茗《めい》は、歯を磨《みが》く「シャカシャカ」という音をまねし、「クスクス笑い」もまねしてみせる。もちろん教えたわけではなく、自発的にそれをするようになった。最初にやるようになったのが「歯を磨く音」で「クスクス笑い」はそのアレンジとしておぼえたもの。

肩で「クスクス笑い」をされると本当におかしくて、自然にこちらもクスクス笑いを漏《も》らしてしまう。すると、それがスイッチとなってさらに継続。結果、人間とインコ、どちらも止まらなくなる。ちなみに「歯を磨く音」を最初にマスターしたのは、先住オカメインコのアルで、茗はそれを模倣して自分の技とした。

鳴禽《めいきん》と呼ばれるスズメ目の鳥などは、肺の付け根部分、気管支が分かれるところにある発声器官の「鳴管《めいかん》」の筋肉と、肺から送り出す空気の量を微妙にコントロールすることで複雑な歌を響かせる。左右にひとつずつある鳴管で、ちがう高さの音を出せるだけでなく、それぞれの音の強弱も自在につけることができる。鳴管は、人間の声帯《せいたい》とよく比較される。

人間が抑揚《よくよう》をつけて話したり歌ったりできるのは、声帯に加えて、息の流量や強さをコントロールする能力と、息を止める能力をもつためだ。

鳥もこの力をもつ。その能力があるから、鳴禽は囀《さえず》ることができる。そして、一部のインコやムクドリの仲間であるキュウカンチョウなどは、人間の言葉を話すことができる。

完全に止めることを含め、息の流量を自在にコントロールする能力は、陸上では鳥と人間だけがもつ。クジラやイルカなど、水中で暮らす哺乳類は息を止めることができなければ溺《おぼ》れてしまうので必須の力だが、陸上で暮らす生きものには必ずしも必要なものではない。だが、人間はこの能力を手に入れた。だから、オペラも歌えるし、ミュージカル曲を踊りながら歌うこともできる。言葉によるコミュニケーション能力を得て、進化の階段も駆け上った。鳥もそう。飛びながら歌うものもいれば、ダンスしながら歌うものもいる。この力で、自在にさえずりをコントロールする。

鳥の場合、現存する陸上動物では鳥だけがもつ補助的な呼吸器官である「気嚢《きのう》」を使って鳴管《めいかん》からの音を共鳴《きょうめい》させ、声の音量を上げることも可能になっている。小さな体でありながら、耳をふさぎたくなるほどの声量がある鳥がいるのは、ほかの生きものにはない、こうした特別な身体構造をもっているためだ。

囀る鳥は鳴管から喉《のど》につながる長い気管を共鳴に使ったり、喉のかたち、舌のかたちや位置、口の開け方などを自在にコントロールしながら本人が納得する音をつくっていく。

ここで書き出しに戻るが、鳥が「クスクス笑い」をするには、鳥がふつうに声を出しているときとはちがうルートで息を抜く必要がある。さえずりとも、人間のことばを話すときともちがうかたちで、喉と鼻を使う。具体的には、息を、口ではなく鼻腔《びくう》を通るようにする。

人間がクスクス笑いをするときも、実は「クスクス」音を立てているのは鼻。それを理解した鳥は、おなじように鼻を通るルートで息をし、タイミングと流量をコントロールして、おなじ音を出せるようにした。それがクスクス音の正体である。

なお、うちの鳥の場合、「クスクス音」では息のほとんどが鼻から抜けるが、「歯を磨く音」はそれに加えて、喉、口から出す音も重ねることでより近い音を出している。耳で聞いた音をちゃんと分析し、彼らなりに考えて、似た音を出せるようになったらしい。それができる頭脳を、鳥である彼がもつことを、とても誇らしく思う。

自身が楽しい。だが、ウケることも大事

インコがそんな音を出せるようになるのは、もちろん、やってみたら「楽しかった」からだ。おもしろいかもと思ってやってみたら、「楽しかった」。だから、自分を訓練した。そして、披露してみせたら人間が、「おもしろい」、「楽しい」という声を出して喜んでくれた。その喜びや嬉しさが自分にも伝わってきた。それで自分も、もっと嬉しくなった。だから、またやってみた。そうした一連が、「正《せい》」の循環となって身についていく。

白系オウムなどが首をダイナミックに振りながら、全身で上下動するようにダンスをするのも、オカメインコなどが嘴でなにかを叩いて音を出す「ノッキング」をするのも、基本的にそれに楽しみを見いだしたからだ。やってみて楽しかったら、またやってみる。おもしろいと思ったら、もっとおもしろくするにはどうしたらいいか考えて、試行錯誤を繰り返す。

経験値を積んでいくと自分ももっと楽しくなるし、さらにいろいろやれるようになっていく。そうして、みずから生み出した楽しみが増え、自身の中に定着していく。

さらにはそれを見て、飼い主など、好きな相手が喜んでくれたことを知ると、もっと楽しませたいと思うようにもなる。なぜなら、好きな人が楽しいと自分も楽しいから。さらに褒《ほ》められると、脳の中で幸福感を感じる物質が多く分泌されるようになるから。

もちろん鳥が特殊な身体もっていたことも重要だ。息をコントロールしながら声を出す能力、リズムに合わせてダンスをする能力を彼らはもちあわせていた。

　鳥にとって、喜んでもらえることは快楽で、自己満足はモチベーションにつながる。なので、その行為をもっと続けてほしいと人間が思った場合、喜んでいることを鳥に伝えることがとても大事になる。ただし、たまにちょっとした弊害が出ることもある。

　人間もそうであるように、「楽しい」ことはなかなか止められない。上手にクスクス笑いをしてみせる茗は、嘴で金属の鍋や陶器の食器を叩く「ノッキング」もする。だが、まれに彼は、それを止めるタイミングを逸《いっ》する。ノッキングは頭部を激しく振り、さらに脳にまで衝撃を与える行為でもある。結果、彼は気持ちが悪くなって吐いたりする。その徴候が見られたときは、人間が事前に止めるようにしないといけない。

澄まし顔の、茗。足元のはさみは彼にとっての「ライナスの毛布」。
取ると、不安になって追いかけてくる。

鳥とわかりあう、その先にあること

人間にとって、地球にとって、「鳥」という生きものはいったいどんな存在なのか、ずっと考えていた。人間と鳥が出会った意味も含めて。

鳥への理解が進まないのは、人間から見て、鳥が「異質《いしつ》」だからでもある。だが同時に、よく似ている点も見つけられる。考えるほどに、わからなくなる。

おなじ地球に生まれた生きもので、ともに高度に発達した脳をもっているのに、哺乳類とは大きくちがう。自在に空が飛べるというのも、ちがいを実感させるものだ。

両者のちがいは、三億年近い時間の隔《へだ》たりと、それぞれがたどった進化のルートがつくりあげた。遠い遠い祖先は共通していたという事実も、もう実感することはできない。

両者の、生物としてのもっとも大きなちがいは、呼吸システムと脳の構造にある。

哺乳類は「横隔膜《おうかくまく》」を使った呼吸をするが、鳥は「気嚢《きのう》」を使った呼吸をする。気嚢を使った呼吸は、恐竜や翼竜《よくりゅう》、その共通する祖先ほか、かつては多くの生物が利用していた呼吸法だが、今、地球上で気嚢をもつのは鳥のみとなった。気嚢システムは、息を吐いているあいだも酸素の取り込みが可能で、必要なときに必要なだけの酸素を体に取り込むことができる。それゆえ、地球上でもっとも優れた呼吸システムと呼ばれる。

さらに鳥は、脳を無駄に肥大化させず、哺乳類とは異なる原理でありながら同程度に高性能なものに進化させた。哺乳類よりもずっとコンパクトでありながら、哺乳類とまったくおなじ作業も可能な脳。さらに言えば、道具を使う、複雑なコミュニケーションをするなど、知的な行動を見せる種は哺乳類よりも鳥類の方がはるかに多い。

呼吸と脳、そのどちらもが人間を含む哺乳類を超えるという指摘もある。そうした事実を総合して考えると、少なくとも鳥の一部は、異質で高度な知性体といっていい存在になる。

ファーストコンタクトは完了？

宇宙に進出した人類が、地球以外の星で進化した異質な知性体と、ある星や、異星の宇宙船の中で遭遇する物語が一世紀以上に渡って書かれてきた。異星人との「ファーストコンタクトもの」という括《くく》りで語られるそうした作品は、映画やアニメなどを含め無数にある。

物語の中で、異星人と人類は、友になったり、敵対して戦争したり、同盟を結んで共闘したり、微妙な接点をもちながらすれちがったりする。そうした異星人と人間は、異なる脳、異なる体、異なる文化をもっているにもかかわらず、コミュニケーションが成立することも多い。そこに登場する〝異質〟なはずの異星人には、どこか人間らしさや、地球の動物に似たなにかを見つけることができる。

出身が「異星」という点を除けば、その相手は「鳥」でも当てはまってしまうように思えるのだが、どうだろうか？

まったく異なる星に生まれた者が捕食者や捕食の対象になるのは、仮に両者ともに有機体だったとしても、体をつくるアミノ酸の種類などから考えて不自然ではないのかという声もあった。だが、原始太陽系の姿を留めている海王星の外側にある小惑星帯のカイパーベルトにも、新たに恒星《こうせい》と惑星系が誕生しつつあるオリオン星雲の中にも、地球に生命が誕生する以前に地球に降り注いだはずの有機物とおなじものを複数、見つけることができる。宇宙には、生命の材料となりうる有機分子がたくさん存在していることが確認されている。

そうした事実から、地球外で誕生した生物も、おなじような素材でつくられている可能性が指摘されていて、異星人も似たようなアミノ酸ベースの体をもち、食べて排泄して子を残すという生命サイクルをもち、その体には脳か脳に似た組織があって、なにかしらの思考や感情をもっている可能性が否定しきれなくなってきている。

効率も構造も異なるタイプの脳でも、おなじような働きが可能で、そうした脳にも感情は宿る。また、似た環境で進化したなら、まったく異なる生物でも似たような姿、似たような思考をもつようになる可能性が否定できないことを鳥は示した。

重ねて言う。鳥は異質だ。だが、心理面で人間と似ているところももつ。だとしたら、人間が長年求めてきた異なる知性との出会いというのは、すでに済んでいるのではないかと思えてならない。ただ、出会った場所が、どこかの惑星など、「宇宙」ではなかっただけで。異なる意識をもった生命体は「家庭」という環境にいて、人類との関係を発展させた。そういう思いが、ずっと消えていかないのだ。

それは異なる知性とのファーストコンタクトではないと完全否定されたとしても、人間が鳥と築いた関係は実績として残る。いつか宇宙で、人類が望む本当のファーストコンタクトが起こったとき、今家庭で暮らす鳥と同居する人間が、どのように相互理解を深め、どのように日々のコミュニケーションをしてきたかは、必ず参考になる。個人によって築かれた鳥と人類の関係は、きっと未来に生かされることになる。

変化する人格（鳥格）

現実ではなかなか遭遇しないが、小説やドラマなどでは、人生観を一変させるような事件が起こることがある。当事者はときに、「まるで別人」と言われるほどに変化する。その変化がよい方向であっても悪い方向であっても、「ドラマ」であることは変わらないので、よく素材にされる。

その人間の中で変わるのは「心」。魂を揺さぶるような強いショックが、よい方向、あるいは悪い方向に心の方向やあり方を変えてしまうため、性格が一変したように見える。

もちろん鳥にも、そういうことがある。確実に悪い方向に変わってしまうのが「虐待《ぎゃくたい》」。心に深い傷を負ってしまった場合、治療して少しよくなったとしても、心はそれ以前とおなじ状態には二度と戻らない。この点は、人間も鳥もまったくおなじだ。

おとなしく朗らかだった子が神経質になり、気が荒くなり、感情のコントロールができなくなったりする。叫ぶことを自分でも止められなくなったり、暴力的になったりもする。

鳥は、高度な脳と精細な意識、豊かな感情をもった知性ある生きもの。立ち直れないほどいじめられたら、心には深い傷ができて、そこからずっと血が流れ続ける。虐待状態から救済され、新たな飼い主に巡り会えたとしても、嫌な目にあった記憶とその傷は一生心に残り続ける。なかったことにはできない。

だから、鳥と暮らすには資格がいる。人間を虐待するような人、人間のかわりに鳥を虐待するような人は、鳥と暮らしてほしくない。不幸になる鳥を増やしたくはないから。

大病が鳥の心を変える

鳥の心が大きく変化する状況が、もうひとつある。

それは、生死をさまよう大病からなんとか生還することができたとき。「リセット」という言葉を使う獣医師もいるように、心が大きく変化して見える。性格の土台はそのままに、その上に乗るものが少し別物になったようなかんじ、と言えばわかりやすいだろうか。

大病の克服においてマイナス方向への変化はわずかで、多くは世話をする人間を喜ばせる方向へと変わる。往々にしてそれは、生還の喜びに幸福感を沿えるようなイメージとなる。

生死、どちらに転んでもおかしくない状況で、飼い主や獣医師の手も借りた数カ月にも渡る必死の闘病の末になんとか快癒《かいゆ》できたとき、鳥と人間の心には、これまでのつながりを超えた特別な結びつきが生まれていることが多い。この人間にならば頼ってしまっても大丈夫といった、よい意味での依存心も生まれ、それはフレンドリーな態度となって表に現れる。

こうした心の変化については、苦しい状況にあったときにずっとそばにいてくれた人間に対する「吊り橋効果」のようなもので、好意を愛情と誤認してしまったからだという指摘もあるが、なんともいえないところだ。ただ、それまであまり懐いていなかった鳥が急に「甘《あま》甘《あま》」になったりすることもある。それは飼い主にとっては、好ましく嬉しい変化となる。

こういうかたちの信頼感は鳥の体内にもプラスに働き、免疫力を向上させたりもする。メンタルが脳内物質や体内の特定物質の分泌を促し、健康状態を向上させるのは事実である。飼育されている鳥が「嬉しい」と感じると免疫力がアップすることもよく知られている。

飼い主がそう感じるように、鳥も人間との精神的な結びつきが強まったことを実感し、それとともに体調もよくなる実感を得る。すると、「これでいい」という感覚が心に生まれ、変化した自分を肯定するようになる。大病が鳥の意識を変え、性格までも変えてしまうメカニズムはまだ完全には解明されていないが、実態としてはこんなかんじになる。

独占欲の強化も

なお、意識や性格が変化した鳥は、相手の人間との関係を変えるだけでなく、おなじ家に暮らすほかの鳥との関係まで変えてしまうことがある。

その人間が、苦しかったときに「自分にだけ」優しくしてくれたことは、強力にその鳥の心に刻まれている。そのため、この人は自分のものと強く思い込み、ほかの鳥には指一本触れさせたくないと思うことがあるのだ。嫉妬心から、これまで仲良くしていたまわりの鳥に不寛容になることもある。

もう一点指摘すると、長期に渡る必死の看護などの密度の高い鳥との接触が、本人も気づかぬままに人間側のメンタルを変えてしまっている事実もある。

元気になっても、無意識のうちにその鳥と深く接している。それは、心配だということのほかに、一度できてしまった深い結びつきが、その人間にとっても自然なものになってしまうということ。そして、その感覚に浸るのは、人間にとってもある種の快楽となる。

悪いことではない。だが、たとえば数年後、その鳥が亡くなってしまったとき、密度の濃い時間を過ごした分だけ、「ペットロス」のリスクが高まる可能性があることは指摘しておきたい。

老鳥と老人のケアの基本はおなじ

このところずっと、鳥の老化の問題に取り組んでいる。

鳥の年の取り方はかなり特徴的で、それを把握するのは難しかった。最初にわかったことは、飼育書などによく掲載されている年齢換算表（鳥の何歳は人間の何歳にあたるか、というアレ）は、ある点、かなりいいかげんにつくられたものだったということ。

鳥はかなり速く成長して大人になり、青年期を長く続けて、人生の（鳥生の）末期に老鳥となる。鳥はあまり老化を自覚しないというのは、『うちの鳥の老いじたく』でも書いたとおり。青年期の長さは鳥（個体）によってさまざまで、おなじ種でも二倍近くちがうこともある。暮らし方、食生活、環境のストレス、遺伝。そうしたものが複雑に絡んでくるので、その鳥がもつ寿命は本当に予測がしにくい。

年齢換算表は、なんらかの対応表がほしいという患者さんの声を受けて、過去に獣医師が想像しながらつくったものがベースとなっている。最初のものは昭和の後半だろうか。

編集者の要望により、飼育書の著者が獣医師などから手に入れたものを書籍に掲載する。後続の著者がそれを引用するかたちで再掲載する。その繰り返しの中、ほかの獣医師がつくった換算表と比べて修正を加えたり、自分が飼育している鳥が通う病院の獣医師から指導を受けて微修正したものが掲載されたりする。自著でも、そういうことをしてきた。

そうした流れもあり、最近の飼育書に掲載されている年齢換算表は、昔の飼育書に掲載されていたものと比べると、少しずつ正しいものになってきているように感じられる。セキセイインコとかオカメインコとか、特定の種の平均的な年の取り方としては、より正確に近づいてきたかんじだ。

ただし、先にも述べたように、鳥の年の取り方は一羽一羽ちがっている。そうした事実を前に、ある鳥の種において、ある年齢以降、鳥の一年が人間の三年に相当するとか、そうした換算の目安は必要な人にはそれなりに役立つものではあるが、ある鳥がどう年を取っていくかを考える際にはほとんど無意味だと考えている。実際にどうなっているのか、獣医師にも当の本人にもわからないのだから。

老化する体の部位

人間と同様、鳥の場合も、一定年齢を過ぎると、内臓や関節、目などに衰えが見えるようになる。代謝が下がり、免疫力が落ちる。体はある時期を境に、よく動かなくなる。鳥の白《はく》内障《ないしょう》は、一度症状が出てしまうと、人間よりも進行が早いようだ。ただ、それでも完全に見えていないわけではなさそうなのは、次章でも紹介したとおり。関節の稼動域が減ると、スムーズな歩行ができなくなったり、飛ぶことができなくなったりする。鳥は軽量化のために筋肉がわりの腱《けん》を多用していて、関節部でその腱の滑りが悪くなると、障碍《しょうがい》が出る。変形性関節症を患って、関節の稼動域が減ることもある。

鳥の関節トラブルは、それが現れる鳥ではまず膝に出て、次に肩に出て、股関節《こかんせつ》に出る。鳥の膝は生まれたときから曲った状態にあって、まっすぐ伸びることはほとんどない。骨格を眺めると、そこに負担が集中するのは当然と思える。人間の老人にリハビリを行っている専門家とも話したが、障碍が出やすい関節の部位はきわめて人間と近く、症状も似ているという。その事実に驚いた様子だった。

実は、関節の老化に関して、二〇一八年になって初めてわかったことがある。それは、関節に障碍が出はじめた老鳥にはリハビリが可能なことがあり、リハビリプログラムを課すことで、歩行の障碍が改善したり、飛翔力を取り戻せるケースがあるということ。

そこで、鳥が専門の獣医師や、人間のリハビリ専門病院に勤務されている専門家にも重ねて取材をして意見をもらい、鳥に関心をもつ理学療法士や鳥の訓練の専門家などとチームを作り、そうした鳥へのメンタルケアと機能回復のプログラムをつくっていくことを決めた。今後、臨床データを増やし、論文化もして関係学会とも連係していきたいと考えている。

老鳥の心、老人の心

鳥が繊細な心をもつことは、本書でも、ほかの書籍でも書いてきたとおり。なので、事故や病気、精神を揺るがす大事件などが起こったときは、体のケアとともに精神面のケアも必須となる。それがないと弱ったり、心にできた傷が深くなるなどして、体調の回復に遅れが出てくることもある。

逆にきちんとメンタルのケアができれば、早く落ち着きを取り戻したり、病気やケガの予後もよくなる。そういう意味でも、鳥たちは本当にメンタルな生きものなのだ。

それは、年を取って体に老化の徴候が出てきたときにもいえる。そばにいて、声をかけ、撫でるなどの接触を続けることを通して、老化の初期段階ならアンチエイジングが可能になる。もちろん、はっきりとした老化の徴候があった鳥に対してもメンタルケアは有効で、終末に向かう時間を豊かにし、寿命を伸ばす効果もそれなりにあると考えられている。

ずっと人間のもとで暮らしてきた鳥は、人間とのあいだに特別な関係を築いている。ともに遊び、おなじ空間で食事を取るなど、時間を共有してきた。老化しはじめた鳥にはっきりとした老化の自覚はないが、その心には漠然とした不安が増える傾向がある。そのため、ともに暮らす人間は、若い頃よりもより多めの接触を心がける必要がある。

老鳥は肉体的に疲れやすくなっていて、若い頃とおなじだけの放鳥時間はかえって体への負担となる。飛ぶということ自体、あまりしなくなる。その分、時間は減らして、手の上に乗せる、撫でるなどの時間を増やすようにする。また、放鳥していない時間も、なるべくその鳥から見える場所にいて、視線に気がついたときは声をかけるようにする。言っていることの内容がわからなくてもいいので、ただ話しかけるようにする。そういうケアが必要だ。毎日、定期的に自分に向かって声をかけてくれるというのは、鳥の安心感につながる。

実は、うちの鳥はすべて二十世紀の生まれなので、かなり高齢化が進んでいる。老鳥の本を書くために、彼らの日々の観察を通して、たくさんの臨床データを受け取った。そのデータに、この二十年間うちの鳥たちの主治医をしてくださっている横浜小鳥の病院の海老沢先生からの情報を加えて一冊の本にまとめあげたのが、『うちの鳥の老いじたく』である。

そうそう。ひとつ白状することがある。母親が八十歳代と高齢で、東日本大震災の被災地で暮らしている。その生活力維持のために震災以降、メンタルを中心にケアをしてきたが、実はそれは老鳥用につくったメンタルケア・プログラムのアレンジだった。最近、それが有効だったことを、老人保険施設の職員の取材などを通して確認することができた。

老人用のメンタルケア・プログラムを鳥へ、鳥用のメンタルケア・プログラムを老いた人間へ。相互活用が可能であることの臨床的な確認は、今も継続中である。

今日も元気
そうだね!!

心配性な鳥もいて

鳥の個性の幅は広く、繊細なものから大胆なもの、あまり考えず、すべての点でアバウトなものまでいる。これも飼育してみて、はじめて見えてくる鳥の真実のひとつだ。基本的な性格がちがうと、当然、つがいになった相手や好きになった相手に対する意識や態度も変わってくる。

毎年、つがいの相手が変わる鳥もいるが、特定の相手と生涯寄り添う鳥は多く、そうした鳥では、非常時の行動などを通して、相手に向ける意識や愛情の深さなどを知ることができる。インコ、ブンチョウなど、飼育されている鳥の多くは、死ぬまで相手と寄り添う。

長年連れ添った夫婦がともに老鳥となり、どちらかが弱って歩けなくなったり、目が見えなくなったとき、まだ元気な方が、けなげに食事やケージ内の生活の介助をする姿を見ることがある。そんな鳥たちからは、「まだまだ元気で!」、「もっともっといっしょに生きていたい」といった気持ちが強く伝わってくる。そんな姿を見ると、先のことが心配になる一方で、かいがいしい姿、相手を信頼する姿に、心にほっこりとしたものも浮かんでくる。

人気の飼い鳥でもあるコザクラインコやボタンインコなどラブバード類は、本当に仲むつまじい。羽繕《はづくろ》いをし合い、見つめ合い、キスをする。明日もおなじような日がくるとわかっていても、今を惜しむように愛を交わし合う。「ラブバード」の名前はだてではないとよく思う。ときに愛情を交わし合うのがオスどうしであったりもするが、「好きなものは好き」が鳥の基本でもあるので、人間はあたたかく見守るのみだ。

そんな、家庭で飼育されている鳥の中には人間が大好きになり、その人間しか見えなくなるものも少なからずいる。人間としては、せめて鳥どうしでカップリングしてほしいと思うが、他人の心も他鳥の心も干渉することはかなわない。一定の距離を置いて接しながら、なるべく幸せに生きてくれるようにと環境を整えるのみだ。

菜摘というオカメインコのこと

うちの最年長のオカメインコ、菜摘《なつみ》は、一九九九年のゴールデンウイークに家にやって来た。とあるショップに一年以上前からいたものの、荒鳥《あらどり》の成鳥だったこともあって、だれにも買われずにいた鳥だった。

そのとき家には、二羽のオスのオカメインコがいて、できればどちらかの雛が見たいと、なんとなく思っていたこともあり、それなら相手は手乗りではなく、荒鳥の方がいいだろうと考えていた。荒鳥の方が、抱卵《ほうらん》や子育てが上手いだろうとも思ったのだ。

その子は繁殖には使わないからと、つきあいのあったブリーダーさんから持ち込まれたと聞いていた。だが、体も平均的なオカメインコよりもずっと大きめでがっちりしていたこともあり、「この子ならきっといい奥さんになれる」と確信して家に引き取ることを決めた。結果的に、その思惑《おもわく》は叶わなかった。家に連れてきた瞬間、玄関と家の中で大声で呼び合い、これは幸先《さいさき》いいかと期待させたが、家のオスたちは彼女にちょっとだけ興味をもったものの、好きになるところまではいかず、彼女の方もうちの男子二名にはあまり強い関心は持てなかったようで、わずか一カ月にして夢はついえた。それでも、オカメインコどうしなので特にケンカすることもなく、ほどほどの距離感でふつうに生活するようになった。

彼女に変化があったのは、それから一カ月が経った頃のこと。

発情するそぶりもなく、ふつうに暮らしていた彼女は、ある日の夜、五分ほど目を離したすきに卵を産んだ。卵は水入れの中に沈んでいた。

愛情を感じたのはともに暮らす人間である自分だと、あとから気づいた。声をかけたあとに発情するような様子が見られたり、指が背中に微《かす》かに触れただけで、発情の声を上げるようになったからだ。また彼女は、ほかのオカメインコたちが手や頭に乗る様子を見て、おなじようにしたいと思ったのか、目の前に指を出すと乗ってくるようになった。荒鳥でもオカメインコはちがうのだろうかと思った。

ウイルス等の一通りの検査も終わって問題がないことが確認されてからは、ほかのオカメインコといっしょに放鳥するようになった。ただ、彼女は外でぼんやりしたり、肩の上でまったりすることよりも、自宅でぼんやりする方が好きだったようで、「もう帰りたい」と思ったときは、みずからケージに戻るようになっていた。

うちのオカメ男子はケージの扉が開いていると勝手に出てきていつまでも外で遊んでいるので、放鳥後はつかまえて戻し、扉をしっかり閉めるのが日常だったが、彼女は自宅大好きということもあり、ケージの扉はいつも鍵が開いていて、出たいと思ったときは自由に出られるようになっていた。とはいえ彼女が自分から出てくることはまずなく、出たくなったときは、「出して」、「手をちょうだい」、「肩に乗りたいの」と無言の熱い視線で訴えるようになった。オカメインコも視線で訴える子は訴えてくる。彼女はそういうタイプだった。

正確なところはおぼえていないが、彼女が家に来て半年から八カ月くらいが経った頃だったと思う。冬場で、炬燵《こたつ》を出していた。あたたかめの家なので、炬燵のスイッチは入れていない。仕事による寝不足から、その場で完全に眠り込んでいたところ、ほっぺたをそっと指先で突つかれるような感触で目を覚ました。見ると、目の前に菜摘の顔があった。突ついていたのは指ではなく、彼女の嘴だった。起きた瞬間、彼女の顔にほっとしたようななにかが浮かんだ。その後、彼女は特に声を出すこともなく、ふたたびケージに戻っていった。

どうやら、好きな相手——つまり自分が、ケージの前で倒れて動かなくなっていたので、心配になったようだ。まさか死んでたりする？　そう思ったのか、生きているかどうかを確認するために、ほぼ初めて、自分の意思でケージから出て、「起こす／生死の確認」をしようとしたのだと思う。

つがいの相手ではなくても、好きな相手を心配する心をもったインコやオウムは確かにいる。それが人間に向けられただけのこと。「生死を確かめにくる？　そんなことがあるの？」と思ったが、どう考えても、それ以外に考えられない。その愛情は、どちらかのオカメ男子に向けてくれたら……とも思ったが、やはりとても嬉しくも思った。

「心配してくれてありがとう」と彼女に言ったとき、「べ、べつに、心配なんかしてないし……」という心の声が聞こえた気がしたのは、飼い主の妄想である。

4章

驚異の能力！　脳力!?

だれが認めなくても、鳥は賢い

鳥は実際に、哺乳類に匹敵する高度な脳をもった生きものなのだが、賢さを示す証拠が次から次と発見されてなお、「鳥はバカ」という偏見や思い込みが過去のものにならない。

鳥は野の飾り。鳥はなにも考えず、ただ囀っている。その声は、風の音などとおなじレベルの環境音。そんなふうに思っている人が、世の中にはまだまだ大勢いる。

「鳥は、あなたが思うよりもずっと知的な生きものですよ」と言っても、苦笑が返ってくるだけで、なかなか信じてもらえない。その背景には、

①賢い行動を自身の目で見ていない
②鳥になにができるか知らないので、賢さがわからない
③鳥はバカという偏見があって、そこから意識が離れない
④証拠を見せられても、鳥が賢いことを信じない
⑤人間が唯一の賢い生きものという信念があるので、鳥が賢いと困る

といった理由があるように感じられる。

つけ加えると、動物を研究対象とする学者を含め、ごく最近まで、ほとんどだれも鳥が賢

いとは思っていなかったということがある。そして学生に対しても、そのように教育をしてきた。所属している動物系の学会においても、「鳥は賢くない」、「鳥は哺乳類に劣る」という先入観はいまだに根強いと感じる。

どう伝えたら真実は届くのか

人間は、道具をつくり、言語を獲得し、科学を発達させた。人間は、自身も属するサルや類人猿のグループ、イルカやクジラ、ゾウ、イヌなどを賢い生きものと認識している。

数百万年前に人間との共通祖先から分かれたチンパンジーは、知性も高く、いくつかの道具を使ってみせる。海に暮らすイルカやクジラは高いコミュニケーション能力をもち、認知能力も高い。ゾウは仲間の死を理解し、追悼《ついとう》するような行動も見せる。イヌと人間は相互に影響を及ぼしあいながら進化し、イヌは人間の意思や思惑などを読み取る能力を高めた。

こうした知的な顔をもつ哺乳類については、世の中の認知度も高く、子供から大人にいたるまでよく理解されていると感じる。人間は種として近い哺乳類に親近感をもちやすく、そうした動物の知的な行動がニュースになると、それを喜ばしく感じる傾向がある。

人間の感覚として、哺乳類は近く、鳥類は遠い。出産により誕生し、母乳で育つという哺乳類としての共通点が自然と親近感をつくりだし、哺乳類以外の動物を遠くに隔ててしまう。

それも、哺乳類の一員としては自然な心理なのだろう。

そういう心理もまた、鳥に対する理解が進まない原因のひとつになっていると感じる。人間は哺乳類を見るのとおなじ目で鳥類を見ない。そもそも視界には、あまり鳥類が入っていない。それはつまり、おなじ土俵の上にはいないということ。鳥だって哺乳類とおなじくらい賢い、もしかしたらもっと賢いかも、と叫んでも、声を届けたい人たちの耳には上手く届かない。鳥の理解を深めるためには、もっとちがうアプローチが必要だと実感する。

「鳥類と哺乳類は、約三億年前に共通する祖先から分かれた兄弟。それぞれが異なる進化の道を歩んだけれど、哺乳類が霊長類を生み出したように、霊長類レベルまで脳を発達させた鳥類も地上に存在している」と主張しても、多くの人はピンとこないようだ。そもそも、両生類だった頃の鳥類と哺乳類の共通祖先をイメージできる人間はまずいない。

こういう情報を伝えることも必要で重要だが、そこを説得のポイントにすると、逆効果の方が大きいとも感じている。なぜなら、鳥を「バカ」と決めつける人々の主張には、鳥と人間には進化上とても大きな隔たりがあることが、よく理由として挙げられるからだ。

一世紀ほど前のこと。研究者が死んだ鳥から脳を取り出してみたところ、小さくコンパクトなつくりで、人間の脳のような「しわ」は一本もなくツルツル。それを見た研究者は、ほとんど本能だけしか働かない原始的な脳であると断定をする。それが世の中にあった、「バードブレイン（＝バカ）」という言葉をさらに助長した。加えて、鳥が空を飛ぶ生きものであるためには、絶対に大きくて重い脳をもつわけにはいかないという主張もあった。

鳥はみな翼をもち、嘴をもつ。空を飛ぶ力をなくしてしまったものもいるが、この二つは鳥が鳥であるための必須のアイテムでもある。「翼あるもの」とまとめられることも多いように、形状だけ見れば鳥はみな近い。そして鳥は、囀り、子育てをし、渡る鳥は国外へと旅立っていく。野の鳥のそうした行動から、知的と思える部分を見つけ出すのは、多くの人にとっては至難でもある。だからこそ、「鳥は賢い生きものではない」という印象が定着してしまったわけだ。だが、今、その考えは未熟で、大きなまちがいだったと判明している。鳥類の脳は決して哺乳類に劣るものではないとわかっている。

鳥の脳は哺乳類と同等かそれ以上

鳥の脳に「しわ」がないのは、それを必要としないからだ。大脳《だいのう》皮質《ひしつ》を発達させた人間タイプの脳は、実は神経細胞間の配線コストが跳ね上がっていて、重量の大部分が配線で、例えば目で見たものを認知して、次の行動に起こすような際も、信号の移動量がとても大きい。対して鳥の脳では、神経細胞は脳内にコンパクトにブロック化されているうえ、関係するものが近くに配置されていて、高効率な信号のやりとりが可能になっている。そのため、高度で高速な情報の処理が可能だ。こうした構造から、哺乳類の数十分の一の重さしかない小さな脳でも、実質的に哺乳類と同等のことができるようになっている。鳥の脳が小さくてしわがないことを、「鳥はバカ」という主張の根拠にはできないのだ。

そんな脳をもつがゆえに、ある鳥はだれに教わらなくても道具をつくり、つくった道具を使って食べ物を得ることができる。考えて、工夫して、効率よく食べ物を得ることもできる。囀る鳴禽《めいきん》は、旋律《せんりつ》をおぼえ、自分の体を楽器のように使って歌い、異性の気を引く。

ひと冬に必要な食料の量を計算し、少し多めの食料を確保して、それをほかのだれにも見つからない場所に数個ずつ隠して、春が来るまでずっとおぼえている鳥もいる。

隠し場所は、複数のランドマークをもとに記憶するので、あたりが雪で覆われても問題ない。食べてしまった隠し場所も正確に記憶して、差分から、まだ食べていない数千もの隠し場所をピックアップして思い出すこともできる。

近い存在であっても、異種のニホンザルの顔を見分けて個体識別することは、人間にはなかなか難しい。だが、飼育されているインコやブンチョウ、野のカラスは、十分な観察時間があれば、その人間の複数の特徴をデータベース化して脳に蓄積し、それをもとに特定の人間を識別することも可能だ。そんなことができる生きものを、「バカ」と決めつけることがだれにできるだろう。人間が認めようと認めまいと、鳥は賢い。それが事実だ。

変化の鍵は子供たちに託したい

正しく認識されていない現状を変えたいと思う一方で、鳥の賢さが世の中に浸透したとき、それが許せない人々や認めたくない人々から鳥が攻撃されるような状況が起こらないか、恐れる気持ちも実はある。

そうならないかたちで人々の意識や認識を変えていく一番の方法は、やはり子供たちに鳥という生きものを正しく知ってもらい、毎年そういう啓蒙《けいもう》を続けながら、その子供たちが大人になって社会の中心になるのを待つことではないだろうかと考えている。正しい知識をもってもらい、それに沿った未来を築くには、教育こそが大事なのだとあらためて思う。

今後は、鳥の理解促進のための子供向きのイベントなども企画していく予定だが、鳥と暮らす家庭があと少しだけ増えることにも密かな期待をもっている。

鳥の巣はバカにできない

温帯《おんたい》ユーラシアを中心に広く分布し、日本にも渡ってくるツリスガラや、南アフリカのシャカイハタオリドリなどを調べている研究者や愛好家などは別として、「鳥の巣はすごい」という印象をもっている人は、世の中にはあまりいないだろう。

逆に、低く見下げる対象や、取るに足らないものとする傾向が国を問わず昔から強い。

例えば、「頭が鳥の巣」というのは、古くから使われてきた相手の容姿を侮蔑《ぶべつ》する表現のひとつ。ひどくもつれた髪や、髪が絡《から》まり合ってモヘア状になってしまった頭を揶揄《やゆ》する言葉だった。

そもそも「鳥の巣」に関しては、それ以上に、関心度そのものがかなり低い。理由は、生活上の接点が、ほとんどの人には存在していないから。人々の意識に鳥の巣が浮上してくるのは、初夏から梅雨前の短い時期だけ。毎年、この頃になると、軒下や雨樋《あまどい》、戸袋の奥にムクドリやスズメが巣を作った、という報告が入る。駅などでのツバメの子育てもはじまる。子育て中のカラスに襲われたという悲鳴も聞かれるようになる。

子育て中のカラスはかなり神経が過敏になっていて、それぞれの心の中にある〝入ってきてほしくないエリア〟に人間が入ってきた瞬間、威嚇《いかく》しないと気がすまない対象となる。威嚇しても、どうしても去る気配がないと、後方から飛んできて足で蹴り上げるなど、直接攻撃をはじめることもある。

カラスにはそうするだけの理由がもちろんあるが、追い払われる側の人間にしてみれば、それはいわれのない立ち退き請求であり、不当な攻撃でもある。恐怖や怒りを感じることもしばしば。行政がそんな両者のあいだに立って、「巣さえなくなれば攻撃はなくなる。カラスの数も減らせて、苦情も減る」という思考のもと、巣を丸ごと撤去したりする。

カラスからすれば、それこそ不当な介入であり、怒り心頭《しんとう》となるのも当然のこと。あきらめのよいカラスはほかに移動して、より安全な場所で子育てをはじめるが、どうしてもその場所で雛を育てたいカラスは梃子《てこ》でも動かず、近寄る人間への攻撃を強めながら、あっというまに巣を再構築してしまったりする。

カラスの巣の本質

撤去されたカラスの巣を自身の目で見たことがある人もいるだろうし、テレビやネットで見たという人もいるだろう。カラスの巣は、外枠はがっちり強固であるのに対し、内側は雛が過ごしやすいような保温性のある柔らかな素材でつくられている。

カラスは身近にある素材を吟味して、使えるものを選び、雛が安全に成長できる、しっかりとした巣を作る。巣材は周囲で見つかるものからフレキシブルに選択されるので、基本設計は共通していても、ふたつとおなじものはない。すべての巣がユニークだ。

巣をつくるとき、カラスは悩まず、さくさく作業を進めているように見える。それは遺伝子を介して祖先から受け継いだ巣の「設計図」を、その脳の中にもっているためだ。

いや。カラスだけでなく、巣をつくる鳥はすべてもっている。ツリスガラも、ヨーロッパ人から愛されてきたコウノトリも、ツバメも、シジュウカラもみな。

鳥の巣は、高度に発達した脳だからこそつくれる高度な構造物と言ったら驚くだろうか。

例えば、人間のだれかにカラスの巣の写真とその製作過程の映像を見せたのち、「身のまわりにある素材を使っておなじものをつくれ」と命じても、まずできない。撤去された巣材をもってきてバラバラにして、「材料は用意したので、これで」と言っても無理。

細かい作業ができるように、剪定《せんてい》バサミやペンチやピンセットを用意し、十分な時間を与えたとしても、カラスがつくった巣ほど丈夫で機能的なものを完成させるのは正直、困難だ。その手でやってみて初めて、カラスがしていた作業が、実はとても高度なものだったことを悟るだろう。そして、そんなカラスがつくりあげた巣には、独特な「美」が存在していたことにも気づくにちがいない。

設計図は遺伝子の中に

カラスが頑健《がんけん》で機能的な巣をつくれるのは、巣づくりの最中ずっと、雛が暮らすのにベストな巣をイメージしながら、あれこれと頭の中で試行錯誤をしているためだ。また、その経験は記憶として脳に刻まれ、次に巣をつくる際にも生かされることになる。

巣づくりの手順をあらためて追ってみよう。カラスはまず、飛び回って材料を探す。カラスの巣は樹上につくられるので、そこに安定した巣を置くための土台となる材料を探す。幸い、人間の家のまわりからはハンガーや、適当な長さのプラスチックなどがたくさん見つかる。特に、嘴を使って自在に曲げられる金属製のハンガーは万能で、必要とあれば、木のカーブに合わせた曲線をつくることができるし、フックを枝に引っかけて固定することもできる。鳥の嘴は、人間の手や指先と同等かそれ以上の細かい作業が可能なので、緩《ゆる》みや歪《ゆが》みがないように定期的に強度などを確認しながら作業を進めることができる。

興味深いのは、土台がそこそこ完成しかかったタイミングで、巣をより強固にできる絶好の素材をたまたま見つけてしまった場合だ。カラスはそれをどこにどう使ったらいいのか瞬時に判断する。そして、一定数のカラスは、ためらうことなく半ば完成した巣をバラし、つくり直す。直した巣は、そこで成長する雛にとって、前につくりかけていた巣よりずっとよいものになるはずだという意識が、手直しの衝動を生むのだ。

それは、文章を書く仕事をしている自分にはわかりすぎる衝動でもある。完成しかけた原稿の手直しをしながら、目標にしていたレベルは超えているので、このまま提出できるだろうと思う。けれど、どこかひっかかる……。そんなとき、ああ、ここをこう書けば、もっといい原稿になるという、啓示のようなアイデアが頭の中に落ちてくることがある。瞬間的にシミュレーションが行われて、その線で直した完成原稿のイメージが頭の中に浮かぶ。やっぱり、こうした方がいいと確信した瞬間には、もう前の原稿は削除し、新しい原稿を書いている。巣を直しはじめたカラスも、きっとそんな気持ちなのだろう。

巣をつくるすべての鳥は、同様に、頭の中に自分がつくる巣の設計図をもつ。どんな材料が必要で、どんな手順でつくればいいかも、ちゃんと頭の中にある。飛び回りながら材料の選別を行う際も、それをどの場所にどう使うかを考えて選んでいる。

巣づくりをする鳥たちは、「設計図」に加え、「完成のための手順」と「完成品のイメージ」も頭の中にもつ。つまり、巣づくりの作業も完成した巣も、人間が想像もしていなかった高度な脳活動の結果であるということ。

人間は、こうした事実をもっとよく知るべきだと思う。それがわかると、鳥が侮《あなど》れない存在であることを、きっと、もっと実感できるようになる。

これは使える
ポイ
これは使えない…
やっぱりつくり直し!!
もっと良くなる予感がする…

鳥が道具を使う意味

こんな力があるから、これができるから、人間は特別。と教えられてきたことが、どんどん鳥たちに奪われつつある。いや。奪われている、というのとは少しちがう。もともと鳥たちはそういう力をもっていて、日常的にそうした行動をしていた。最近になって、人間がそれに気づきはじめた、というのが正しい。

さらには、人間がやるのを見ていて、鳥もできるようになってしまった例がある。人間を師に、模倣《もほう》して学習したのだ。カラスなど、じっくり観察することで状況や方法を把握できるいく種かの鳥は、人間が予想する以上のことを、たやすくやってのける。

道具をつくる、道具を使う

人間の祖先を進化させて「人間」にした立役者《たてやくしゃ》として、「道具」の存在が挙げられることも多い。二足歩行をするようになった人間は、自由になった手を使って作業するうち、道具を発明した。そう語られるとき、手と道具はセットで、動物が道具を使わない（使えない）のは、人間のような器用な手をもたないからだと説明される。

チンパンジーなどの近縁の種《しゅ》は、人間の手に近い手をもっているから人間のような作業もできる。種としては少し離れているが、ラッコやアライグマも小さいけれど五本指の器用な手をもち、その手でものを掴《つか》んで器用な作業を見せる。ラッコが海面に浮かびながら、腹部に乗せた石に手で持った貝をぶつけて割るのも、立派な道具使用の例だ。

ゾウは器用な手こそないが、曲げ伸ばし自在な鼻を手のように使って、ものを持ち上げたり運んだりする。ほどよい木の切れ端を鼻で掴み、それで鼻も届かない背中のかゆいところを掻《か》く様子が観察されたこともある。報道はこれを、「孫の手のように利用」と綴った。

そしてゾウは、使うイメージを頭に描くことさえできれば、器用な手をもたない生物でも、手のかわりとなる体の部位を使って道具を扱うことが可能であることを示唆《しさ》した。

一方の鳥。鳥の祖先には、手としても機能する鍵爪のついた立派な前肢《ぜんし》があり、それを木登りの補助に使ったり、場合によっては枝をひっかけて掴むようなこともしていた。だが、そんな手を、飛翔するための翼と引き換えに鳥は永遠に失った。しかし、それですべてを失ったわけではなかった。手や指でできるあらゆることが可能な「嘴《くちばし》」を手に入れたからだ。

ふつうの鳥は、あまり重いものは持てないが、嘴でそこその重さのものを運ぶことはできる。雛に与える食べ物などは飲み込んで、胃や、食道の一部が発達した「そ嚢《のう》」に入れて運べばいいだけ。先端が尖《とが》った嘴は、ピンセットのように繊細な作業さえも可能にした。

鳥にとっての道具

嘴を使った作業は、ゾウが鼻を使うのと、実質的なちがいはない。ただし、桁《けた》ちがいに細かい作業が可能という点で、ゾウの鼻とは大きく異なる。また嘴は鳥の目の前にあるので、至近距離から片時も目を離すことなく作業を進めることができる。

同時に、さまざまな情報が目を通して入ってくるので、微修正もしやすいという利点がある。インコやオウムのように足でも「もの」が持てる種なら、片足で立って、反対側の足でその対象をつかんで顔の前まで持ってきて嘴で作業をする、ということもできる。

加えて鳥には、高度に発達し、柔軟で処理速度も高い脳がある。カラスの仲間や大型のインコやオウムの体に対する脳の重さ「脳重《のうじゅう》」は、人間が属する類人猿に匹敵するほど重い。

道具を使う鳥は、道具を使う哺乳類よりもずっと多いという事実は、鳥の脳のスペックの高さを示すものと考えていい。実際、道具を使う鳥の挙動を見ていると、本当によく考え、必要にあわせて試行錯誤を繰り返して、道具を使う作業の精度を上げていることがわかる。

道具を使いこなすには、「その道具を使った結果どうなる」という未来のイメージをもつことがとても重要になる。さらに、「使うための道具」を「自作」する鳥に至っては、何段階も先のイメージをもって、その作業に取り組まなくてはならない。

細かい作業も
できちゃうよ

それは、文字どおり頭脳をフル稼動させることのできない生きものには不可能なことだ。世の大方のイメージどおりに鳥がバカなら、そんなことはできるはずがないのだ。

鳥は手の代わりに嘴を手に入れた。また鳥は、人間のような「言語を使った思考」とは異なるかたちの「思考」をもっていて、それを活用しながら生きている。人間型の思考だけが至上に至る唯一のものではないということも、その知力を通して鳥は教えてくれている。

道具を使える鳥は地球上に本当にたくさんいる。それもまた、歴然とした事実である。

クルミや貝類を上空から地面や岩場に落として割ろうとするカラスは、自分の目でも見たことがある。自動車に轢《ひ》かせてクルミを割る姿は未見だが、それもいつか見たいと思っている。かつては仙台周辺に限定されていたが、今は広い東北の各地に加え、北海道でも見ることができる。東京の吉祥寺でも目撃例があった。だから、見られる日はきっとくるだろう。

熊本の水前寺《すいぜんじ》公園（水前寺成趣園《じょうじゅえん》）にも行って、生き餌や擬似餌を使って漁をするササゴイの姿も見たい。ほどよい石を上空から落としてダチョウの卵に小穴を開け、そこから中身を食べてしまうエジプトハゲワシを見にいくことは難しいかもしれないが、なんらかの調査に加わることができたら、ニューカレドニアに行って、カレドニアガラスが道具を自作するところや、その道具を使って食べ物を得るところも目撃したい。そんな鳥たちを見て歩くことで、自分の中の鳥観がこれからどう変化していくか、今から楽しみでもある。

記憶はよりよく生きるためのもの

多かれ少なかれ動物は、自身の経験や記憶を利用して生活をしている。どこに食べ物がある。どこに水がある。どこに行けば仲間に会える。危険があるのはどこで、どんな危険がある？　敵となるのはどんな生きものか。どうやって敵から逃れるか。経験し、記憶する。学習して、必要ならば修正する。それは人間だけがしていることではなく、動物だってしていること。端的に言えば、人間の祖先がまだ原始的で動物的だったときにしていたことを、私たちは今も続けている。

記憶に関して動物は、自身がたよりにする五感をもとに、自分にとって重要なことを記憶する。ただし、記憶できる脳の容量には限界もあるので、本当に必要なものとそうでないもの、日常的に使うものとしまっておいて問題ないものを見きわめて、取捨選択をしている。消してもいい記憶は、どんどん脳の中から消えていく。

鳥もそうで、記憶は「生きていくのに重要なこと」がまず優先。見たものも、経験したことも、重要でなければ忘れてしまう。それで問題なければ、忘れてもかまわないことだったというだけ。

野生の鳥の場合

カラスはさまざまな思考を巡《めぐ》らすだけでなく、生きていくために、ほかの鳥よりもずっと多く「経験」や「記憶」を活用している。好奇心が強いカラスは、わきあがる衝動から日常的にさまざまな経験をしていて、その経験を生活の中にフィードバックしている。

わかりやすい例も多いので、カラスについて触れよう。

日本の代表的なカラスであるハシブトガラスやハシボソガラスは、余分な食べ物を隠しておいてあとから食べる「貯食《ちょしょく》」をする。隠した場所をしっかりおぼえているのはもちろんだが、食べ物をどんな場所に隠せばいいかということについては、やってみた結果をもとにあらためて考え、必要に応じて修正していく。

ほかのカラスに見つかって盗まれた場所は、「ここはダメ」と深く記憶に刻んで、その場所はもちろん、おなじような場所も敬遠するようになる。確実に隠せるよい場所と思えた場所も、しっかりと記憶に残す。よい隠し方、悪い隠し方についてもそう。そうやって、よい隠し場所を見つけるスキル、確実にしまっておける隠し方のスキルを向上させていく。

一方、食べ物についても、日持ちするものとしないものを経験から学ぶ。

必死になって隠した肉が三日後に腐って食べられなくなったりしたとき、カラスも「しまった……」と思い、がっかりする。こうした経験を通して食べ物の特徴が少しずつわかってくると、複数のものを隠した場合など、日持ちしないものから食べるようになる。せっかく隠した貴重な食べ物。「もったいない」ことはしないのだ。それが美味しいものであるなら、なおさらのこと。

逆に、ほかのカラスが食べ物を隠すのを見てしまった場合など、見ていないふりを装っていったんは立ち去るものの、相手がいなくなったすきに、記憶にある食べ物の隠し場所を探ってちゃっかりせしめる、ということもする。一方、盗られた方のカラスは、だれかに見られていた可能性があることを記憶に刻み、食べ物を隠す際の警戒度をこれまで以上に上げ、隠し場所も吟味《ぎんみ》するようになる。

また、カラスにとって、天敵となりうるのは人間であるため、自分に害をなした相手はしっかり記憶する。人間は人間以外の生きものの識別がなかなか下手だが、カラスは服装のパターンや髪型、メガネの有無、声を聞いた場合は、声の中にある特徴なども記憶して、人間を識別する。もちろんその能力は、インコやブンチョウなどの飼育されている鳥にも備わっていて、ともに暮らす人間に対する好感度の優先順位の決定などに活用されている。

いずれにしても記憶は、鳥たちにとっても、生きるために必要で有効な手段であるのはまちがいない。

飼育下の場合

人間と暮らし、人間に心を開いている鳥の場合、食べ物や安全、仲間との暮らしは保証されているので、それ以外のことに「記憶」を活用することになる。

自分がいいと思うまで、人間にかまってもらうことが暮らしの中で重要と認識している鳥の場合、人間が長時間出かけて帰ってこないというのは、不満のもとであり、寂しく思えることでもある。

だからそんな鳥は、好きな人間の服装や持ち物に注目し、この両者と帰宅時間との関係性を見つけ出す。部屋着とあまりちがわない恰好で荷物も少なめなら、近場への外出で、比較的短時間で帰ってくる。逆に、大きな荷物を持ち、あきらかに見ない服装をしていると、帰りが遅くなることを予想する。過去の記憶をもとにイメージすることは、そう難しいことではない。

z
z
ああ
お出かけね!
どうやって過ごそう
かなあ ミ

帰宅時間を予想しても、それで人間の行動が変わるわけではないが、人間がそうであるように、予想しているのとしていないのでは、鳥も心の在りようが変わってくる。留守のあいだの過ごし方として、もっともストレスのない方法を選択する際の判断材料にもなる。人間でもそんなふうにするように、当分、帰ってこないだろうから、寝て待っていようと考えたりもする。

一方、家庭で暮らす鳥にとっては、その家の人間がどんな人間なのか見きわめることも、とても重要になる。顔つきや背丈のほか、声や歩き方や自分への接し方で個々を識別し、信頼できる相手かどうか見きわめる。その際、その家に複数の人間がいれば、この人とこの人ではどちらが好きか、という判断もその鳥の中で自動的にできあがる。そして、そうした情報をもとに、その家での暮らしをつくりあげていく。

そんな鳥の生き方を知るのもおもしろいと感じる。

白内障でもまわりが見えている？

見えないことは、恐怖と直結する。

人間も鳥も、最初に目で見て世界を認知している。なので、見えなくなると、とたんに大きなハンディを負う。見えなくなったときに感じるのは、捕食者の牙《きば》や爪や嘴に貫かれて絶命する瞬間の自分が感じているだろう戦慄《せんりつ》。それを予感してしまうから、恐怖が訪れる。

もしかしたらそれは、恐怖というより絶望感に近いのかもしれない。より死が身近だった原始の頃の人間ならば、おそらくそう。野で生きる鳥も、近い気持ちであるように思う。

不慮《ふりょ》の事故や病気など、視力を失う理由はいくつもあるが、年を取ってからは、目の「水晶体」（＝レンズ）が白濁《はくだく》する「白内障《はくないしょう》」が増える。白内障は人間だけでなく多くの哺乳類に見られるほか、鳥も一定年齢を過ぎると、それなりの割合で発症する。

人間の場合、明暗はなんとか感じるものの、進行するとものを見る力を失う。ただ、角膜や眼球の大部分を占める硝子体《しょうしたい》、目の奥にある網膜《もうまく》など、水晶体以外の機能はすべて生きているので、人間では、濁った水晶体を除去して人工のレンズを入れる手術が行われて、それによってふたたび見る力を取り戻すケースも多い。

だが、鳥にはそういった手術はできない。ダチョウのような巨大な眼球をもつ鳥なら可能かもしれないが、小鳥サイズの鳥の目にメスを入れるなど、ブラックジャックレベルの外科医が実在したとしても至難の技――ほとんど不可能だろう。

鳥の目の宿命

多くの鳥は紫外線まで見える目をもっている。

つまり、鳥の目は常に、私たち人間の目が受け止めている可視光よりも〝エネルギーの高い光〟も含めて、受け止めているということになる。

かなり若いうちに白内障を患《わずら》う鳥も意外と多いのには、こうした背景、理由があるのかもしれない。赤や緑の波長の長い光に比べて、波長が短い紫外線には、より大きな「なにかを壊す力」があるからだ。

実は鳥の薄い頭蓋骨《ずがいこつ》は、紫外線、可視光も含めてかなりの量の光を通す。光のエネルギーは波長が短いほど強く透過力が高い。つまり、可視光よりも紫外線の方がより多く透過する。

鳥にとってそれがどういう意味をもっているのかまだよくわかっていないが、空を飛ぶ鳥の脳には、かなり深いところまで光が届いているという事実がある。

骨をも透過する光は、薄い瞼《まぶた》や瞬膜などは、なんの問題もなく透過する。たとえ目をつぶっていても、明るい場所なら、鳥にはなにかが目の前を通過したらそれがわかる。そして、必要な対応をする。

つまり、日中、鳥が目をつぶっていたとしても、実際に眠っていたとしても、白内障を起こす組織である水晶体にはある程度の可視光と紫外線が届いているということ。さらには頭蓋骨を通り抜けた光もまた、一部が水晶体に届く。

そんな目であることが、白内障のタイミングを早めたり、罹患《りかん》率を上げたりしているのではないかと想像している。鳥の白内障には、こうした体の構造も影響しているのかもしれない。だが、そんな目だからこそ、鳥には生活する上でのプラス面もあるのかもしれない。

もしかして……見えてる？

鳥は片目が見えなくなったとしても、無事なもう片方の目で見て、あまり不自由のない生活をする。だが、両目が白内障になった飼い鳥の目の網膜には、もう像が結ばれることはない。霧の中で暮らしているようなものだ。

両目が白内障になってしまった鳥が、ケージの中で視力をなくす前と遜色《そんしょく》のない暮らしをしている例が、以前からたくさん報告されてきた。見えていたときに記憶した配置を体がおぼえているため、問題なくこれまでとおなじ暮らしができるのだろうと考えられてきた。

　ところが、両目が白内障になって、視力を失ったと思われてきた鳥が、しばらく不自由そうにしていた後、ケージの外でかつてのようにふるまいだしたという報告が聞かれることも出てきた。「おいで」と呼んだ飼い主のもとに、ためらうことなく一直線に飛んだ例もある。

　両目が白内障になっていたら、その鳥の網膜は、かつてのような像は結ばない。写真のようなきれいな視界はない。それでも位置やもののかたちを把握する。

　普通の視界ではないにしても、なんらかのかたちで見えている可能性はあると鳥が専門の獣医師はいう。

　確かに、濁った水晶体が途中にあったとしても、角膜には、光が届いている。十分に明るい空間なら、シルエットが動くのがわかる。そうやって鳥は、白内障になっても世界を「見て」いるのかもしれない。鳥の五感にも、まだまだ解き明かされない謎が多い。

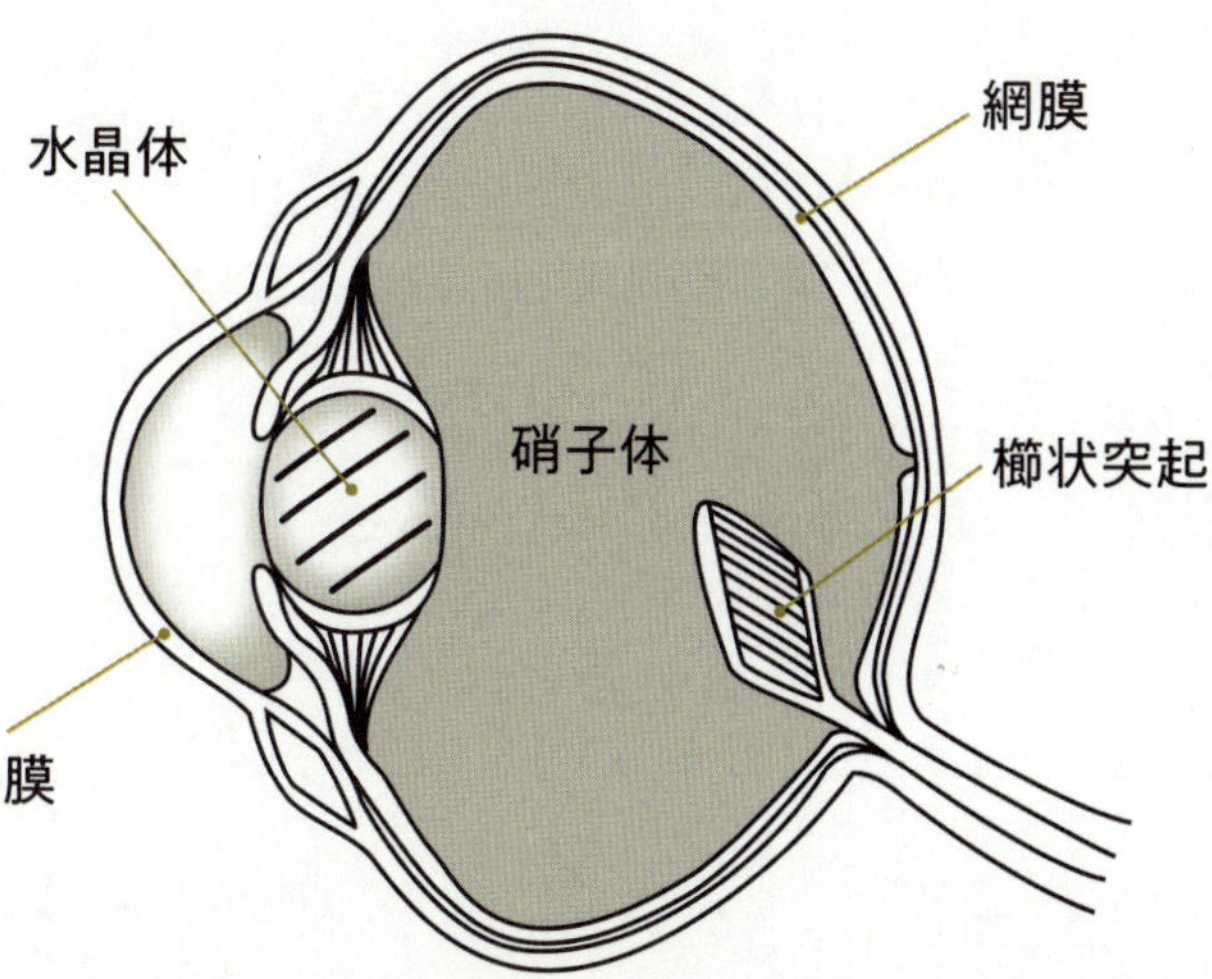

はるかな指の記憶

本能的な行動、と説明されるものがある。

考えて動くのではなく、ある特定の刺激に対して特定の行動が自動的に引き起こされてしまうものがそう。遺伝子を介して、脳に行動がプリントされていると説明される。なので、考えて行われるものや、学習によって変化する行動は本能的行動とはいわない。たとえば鳥では、「特定の音域の叫び声」が「警戒音」として脳に刻まれていて、同種はもちろん、異なる種の警戒音にも反応して、その場から急ぎ飛び去るといった反応を見せる。カッコウなど、托卵《たくらん》する鳥の雛が、自分だけが成鳥になるべく、孵化《ふか》した直後に、その巣本来の卵や雛を巣の外に押し落としてしまうのも、遺伝子に刻まれた指示による行動で、托卵鳥の雛はだれに教えられなくてもそれをする。

弱い生きものは、初めて見る相手でも、自分の捕食者だと本能的に察して恐怖を抱くことがある。もともと弱い生きものだった人間が、暗闇などのほかに、ヘビや大型の肉食獣に恐怖を抱くのも、本能的恐怖とされる。

恐怖については、種ごとに本能に刻まれている。加えて人間の場合、親の恐怖体験が遺伝子を介して子供に受け継がれることもわかってきた。そうした報告を目や耳にした人もきっといると思う。では、鳥はどうだろう？　あってもおかしくないと、彼らの顔を見て思う。

そこに指があったから？

ケージや禽舎《きんしゃ》で飼育されている鳥が、とまり木間を移動しようとした際、不意になにか気になるものを見たり、急に名前を呼ばれるなど気を取られることがあったとき、ごくごくまれに上手く掴めずに足を踏み外してそこから落ちることがある。老化によって目が見えにくくなってきた鳥や、ジャンプ力に衰えが出てきた鳥などでもそんな様子を見ることがある。

この二十年、うちのインコたちを見ていて、気づいたことがあった。

それは、落ちる瞬間、翼の特定の場所で、体を支えようとすることがあること。

例えば人間の腕は、肘《ひじ》と手首に関節があって、その二カ所で曲げたり回転させたりすることができる。鳥の翼も基本的にはいっしょで、肘と、翼角《よっかく》と呼ばれる手首に相当する場所の二カ所を曲げることができる構造になっている。地上ではその位置を折り畳むように曲げることで、翼をぴったりと身につけている。

初列《しょれつ》の風切羽《かざきりばね》は、手首から先の、人間でいえば手のひらの骨に相当する中手骨《ちゅうしゅこつ》から生えている。次列《じれつ》風切羽は肘と手首のあいだの前腕《ぜんわん》部から、三列風切羽は上腕《じょうわん》部から生えている。

羽毛に隠れた翼角の内には、人間でいうところの親指にあたる第一指《だいいっし》の痕跡《こんせき》である指骨《しこつ》があって、翼の先端部には第二指、第三指の痕跡が残る。

雛の時代のみ、祖先の恐竜のような爪が翼に見える、南米アマゾンに住むツメバケイの爪は、第一指と第二指の先端、翼角と翼の先端部分についている。ツメバケイの巣は川や池などの水辺に張り出した枝の上にあって、敵に襲われた際、雛はわざと下の水面に落ち、危険が去ったあと、この爪を使って、ふたたび高い樹上の巣に上がっていく。そのための爪だ。

ツメバケイの爪が恐竜時代の名残といわれるように、鳥になる前の祖先である羽毛恐竜は前肢にしっかりとした指と鍵爪があって、それを使って木を登っていた。当然、木から落ちないように指で枝を掴むなどして、樹上で体を支えてもいた。

まだ鳥になる前も、鳥になったのち爪の痕跡が消え去るまでのあいだも、指があったのは翼角と指先の位置となる。足を滑らせたインコが無意識的にとまり木を掴もうとしたのも、まさにこの位置。翼角は唯一、上手く曲げられる場所なので、なんとか翼でとまり木を引っかけようと思ったら、そこしかない。だが、両方の翼の翼角の部分をとまり木にかけたとしても、鳥となった今、そこにはひっかかるものはなにもないので、当然のように下に落ちる。

なにげない行動のひとつではあるが、そこに指があった七千万年前の記憶が遺伝子のどこかに残っていて、そうしているんじゃないだろうかと、ついつい想像してしまう日々。

翼を拡げて床を歩くルーク。

アル。翼の中央に見られる切れ目から先が初列風切羽。切れ目からその内側の尖っているところまでが次列風切羽。さらにその内側から脇までが三列風切羽。

その体で、なぜ長寿？

鳥はなぜ長生きなのか。はっきりとした答えを、まだだれももっていない。

わずか一〇〇グラムほどのオカメインコでも三十年以上の生物学的寿命をもち、大型のインコ、大型の水鳥では、五十年、百年生きるものも珍しくない。

以前はあまり多くないと思っていたが、調べていくとあれもこれもと出てくる。長寿の象徴であるツルの代表であるタンチョウも、さすがに千年は生きられないものの、飼育下では五十年から八十年を生きる。鳥の生物学的な寿命は、どれもかなり長めなのだ。

もちろん、鳥以外にも長寿はいる。海に暮らす巨大なジンベイザメだって百三十年を生きる。セーシェル諸島に住むアルダブラゾウガメ、ガラパゴス諸島のピンタゾウガメなどのゾウガメ類は、平均寿命が百歳以上もあり、最長のものは二百五十歳にも達したという。

世界に暮らす長寿の生きものは、人間が思う以上に、ずっとずっと多いということ。

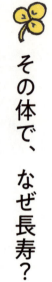

人間はだいたいいつも、自分や自身が属する哺乳類、霊長類を基準に考えて、さまざまな点で哺乳類以外の生きものを見下してきた。「たかが鳥」という感覚は、今も相当に強い。

人間だけが特別、哺乳類があらゆる生物群で至上、という感覚を捨て去らないと、人間はいつまで経っても人間以外の生物をちゃんと理解することはできないように思う。偏見はひとまずどこかに置いておいて、事実をストンと受け止めることからはじめてほしいのだ。

人間の常識が通じない生きもの

小鳥類は、孵化からわずか数週間で親とおなじサイズにまで成長し、早いものでは半年も経たずに子供がつくれようになる。そして、そこから老鳥になるまでが長い。事実上、人生の九割以上が青年期のようなものだ。それは、六十七歳で産卵し、群れの中でふつうに子育て中と報道されて、世間を驚かせたコアホウドリが証明する。彼女は老婆ではなく、どこにでもいるふつうの母鳥だ。追跡調査をしていなかったら、そんなに高齢であることに気がつかないか、指摘されてもだれも信じなかっただろう。なお、彼女を紹介した科学雑誌は、彼女がいる群れの中にさらに高齢の鳥がいる「可能性」も指摘している。

ねずみ算という言葉もあるように、小型の哺乳類は成長が速く、繁殖サイクルが短い。そのぶん寿命も短く、ハツカネズミやハムスターなどは平均二年ほどしか生きられない。

体の大きさと心拍数、寿命のあいだに一定の関係があることが指摘されてきた。それは、「どんな動物も生涯に打つ心拍数はおなじ」というもの。体の小さな動物は心拍数が多く、寿命が短い。ゾウなどの大きな動物は心臓の鼓動がゆっくりで、そのぶん寿命が長くなる。

この関係は、生物全般に共通する真実であるかのように語られがちだが、あくまでも哺乳類に限定された、狭い事実である。なぜならそれは、鳥にはまったく通用しないのだから。

鳥の心拍数はとても多い。飛ぶ小鳥も地上に暮らす大型の飛ばない鳥も、ともに高い心拍数をもつ。例えばニワトリだって一分間に二〇〇〜四〇〇回、その心臓を拍動させている。

空を飛べる鳥の飛翔時の心拍はもっと多く、敵に襲われてスクランブル状態で飛び立った瞬間は、さらに増える。アメリカに棲む、体重わずか四グラムほどのノドアカハチドリの心拍数は、安静状態で二五〇回ほどだが、細かい羽ばたきを繰り返しているときは、一二〇〇回にもなる。さらに彼らは、中米と北アメリカ南部・東部のあいだで渡りをする。哺乳類なら何度も死んでいるにちがいないと思えるほどに心臓は酷使《こくし》されるが、野生でも平気な顔で五年から九年、安全な飼育下ならもっと長く生きることができる。

人間ならば、病気と診断される血液状態

しかも鳥は、そのほとんどすべての種が、人間ならたちまち血管が老朽化してしまうほどの高血圧であることが知られている。収縮期血圧一七〇〜二二〇（mmHg）は、鳥にとってありえない数値ではなく、多くの鳥にとって、それは健康の範囲内である。四十二度の体温にしてもそうだ。

30年!
50年〜
80年!
50年〜
80年!

人間は三度体温が上がっても、高熱ではあるが、まだ肉体は耐えられる。しかし、鳥が三度体温を上げたら、そこはすでに致死領域。ありえないエリアなのだ。

中性脂肪や総コレステロールの値も、人間では高すぎて今すぐ治療が必要といわれるところまでも含めて正常値とされる。野生の鳥が肥満状態になることはまずないが、飼育下では往々にして肥満になり、中性脂肪や総コレステロールは、一瞬にして鳥の正常値を大きくオーバーする。そうなると、わずか一カ月で動脈硬化《どうみゃくこうか》が進み、それは脳の血管にまでおよんで、半身不随や、死にいたる可能性も出てくる。鳥の体は、とてもリスキーなのだ。そんな体であることを、進化の中で鳥はみずから選んだ。

高い行動力、高い免疫力、高度な脳活動、瞬発力のある飛翔。それらを維持するための体が、今の鳥の体だ。高い心拍は養分や酸素を脳や体の必要な部位に一瞬にして届けるため。今は鳥だけがもつ、息を吐いている最中も肺の中には新鮮な空気が流れ続けて酸素が取り込まれるしくみもそう。そのおかげで鳥は、哺乳類では生きていけない高高度上空の空気が薄い低酸素環境でも問題なく生きていくことができる。

そんな体でありながら、さほど苦労することなく健康を維持して、人間が目を見張るほどの長生きをしてみせる。哺乳類とは根本的にちがう肉体設計の不思議さに感動をおぼえる。鳥とは、地上に生まれた、愛すべき「異質生命体（＝エイリアン）」なのだと実感する。

5章

鳥の行動からその心を知る

冠羽がうらやましい？

自分も、ああなりたい！
うらやましいと思う心、憧《あこが》れる心が、そんな思いを生む。
自分にだってできる。やってみせる。できないはずがない。そう思うこともある。
人間にはありふれた心理だが、鳥だって、そんなふうに思うことがある。
そういう思いが、行動のエネルギーになることもある。

初めてのオカメインコ

一九九七年の前半は、メスのセキセイインコ一羽だけが家にいたが、あらためて鳥と生活をはじめると、ほかの鳥も飼いたくなってくる。これまでいっしょに暮らしたことのないオカメインコがどうしてもほしくなり、秋の繁殖シーズンには絶対に迎えると決めていた。

同年九月、念願のオカメインコの雛を迎える。隣駅のペットショップに入荷した二羽のうちの一羽で、台湾生まれと説明された。全身が黄色のルチノウで、今までに見たどのオカメインコよりも活発で、今まで見たどんなオカメインコよりも頭頂の無毛部が大きく、ツルツルだった。サッカーのアルシンド選手から名前をもらって「アル」と名づけた。幸いなことに、のちにオスであることが判明した。

アルはまだ小さな三週半〜四週目の雛で、その全身には伸びはじめたばかりの、のちに羽毛になるツンツンの皮膚のトゲがあり、毎日数度の挿し餌《さえ》を必要とした。

そんな新しく来た雛に、先住のセキセイインコは興味津々だった。体重こそ大人のセキセイインコの二倍はあったが、おなじ鳥である彼女の目には、彼がまだ、生きるためにだれかの手助けが必要な幼い雛であることが瞭然《りょうぜん》だった。近寄ってプラケースの中にいるその子を覗きこんだり、挿し餌される様子を少し離れた場所から穏やかに眺めたりしていた。

食べ物を吐き戻して挿し餌の手伝いをしたそうな顔もしたが、「大丈夫だから」と人間が止めた。少し残念そうだったが、彼の成長を楽しみにしている様子は伝わってきた。

冠羽がほしい！

彼が来て、ひと月ほど経った頃だろうか。彼女が食器棚のガラス面に自分の姿を映すようにしながら、顔をしかめるような行動を繰り返しているのに気づいた。これまで見たことのない姿だった。病気？　という言葉が頭に浮かぶ。鳥に頭痛があるのかどうかわからないが、なにかあれば病院に連れていかないと……と思い、いつもよりも気をつけて観察をした。

じっと見ていると、彼女の鼻の上の方、頭部前方の羽毛がピク、と動いた。しばらくするとまた。どうやら、その部分の羽毛の付け根に意識を集めているらしい。

そうしながら、ときどき新人のオカメインコの方を見ている。視線がオカメインコに向いているときは、いつもと変わらない様子。具合が悪いとか、そういうことではないらしい。

その日と翌日と、おなじことを繰り返していたが、やがて疲れたように止めてしまった。その光景が頭から離れず、なにをしていたのかずっと考えていて、数日後にわかった気がした。彼女は、オカメインコの雛に自分にないものが備わっていることに気づいた。それは彼女にとって、とてもショックなことだったようだ。いや、少しちがう……。ないと思っていただけで、本当はあるかもしれないと考えたとしたら、彼女の行動には説明がつく。

雛でもオカメインコには冠羽《かんう》があり、羽毛化する前の鞘《さや》に包まれた状態でも少し動く。彼女には、それが不思議に見えていたのかもしれない。冠羽があると想像した位置の羽毛のつけ根に意識を集中して、なんとかして動かそうとしていたように見えた。自分にもできるはずと思ったのか、冠羽がうらやましいと思ったのかは、わからない。

人間は自分の髪を自分の意思で動かすことはできないが、本来は不随意筋《ふずいいきん》である耳の筋肉を自分の意思で動かすことができる一部の人間は、耳を動かすことで頭皮が少しだけ動き、毛髪を微かに動かすことができる。彼女がしていたのはそんなことではなかったか？

鳥の場合、進化の中、体を軽量化する過程で顔にある筋肉を大幅に失ってしまったが、幸いなことに目のまわりには多少の筋肉が残っている。動かせる筋肉やその周囲の皮膚に働きかけることで、自分も「冠羽」を動かせるかもしれない。そんなふうに思ったふしがある。

いままで気づかなかっただけで、もしかしたら自分にも「冠羽」がある？　彼女がそう思ってしまったとしても、おかしくはない。だが、残念ながら彼女には冠羽はなかった。いくら努力をしても、その部位の羽毛を動かすことはかなわなかった。

やがて、冠羽を動かす努力をしたという記憶は彼女の脳から消えた。前頭部の羽毛に意識を集める様子は二度と見ることがなかったから。

たぶんその後は、死ぬまでそれを思い出すことはなかっただろう。

文化の伝わり方を見た

ところでこの話には後日談がある。アルがこの家に迎えられた二年後の五月、家には新しいオカメインコが来た。お店では三〜四歳という話だったルチノウのメス。菜摘《なつみ》、である。

菜摘はアルか、七カ月若い、もう一羽のノーマル・オカメインコのお嫁さん候補として迎えたのだが、結局、二羽のどちらとも仲良くならず、カップリングはあえなく失敗した。

その菜摘さんは、緊張もあってか、家に来てから四日間ハンストをして心配もしたが、ほどなく馴染んでたくさん——予想以上にたくさん——ご飯を食べるようになった。

ハンスト期間中も、「食べる」こと以外はごくふつうに振る舞っていて、二羽のオスはケージ越しに彼女の挙動を見守っていた。アルが来たとき興味津々だったセキセイの女子は、オカメ女子にほとんど関心を示さず、ほとんどいないものと見なしていたのも興味深い。

やがて、菜摘はふつうに食事を取るようになり、ウイルスや寄生虫などの検査も一通り終わって問題ないことが確認されたので、放鳥時間にはケージから出して先住の鳥たちといっしょに過ごさせるようにした。

初めてケージから出した日。テーブルの上にいた彼女は、自由を満喫するように羽繕《はづくろ》いをした後、アヒルがそうするように、尾羽を左右にプルプルと振った。

それを見ていたアルが、彼女を凝視しながら、その場で固まった。〝驚いて、ショックを受けている〟ことが、その顔と態度から、ありありとわかった。その頭の上に「！」が見えたような気がした。

彼がショックを受けたのは、「プルプルと尾を動かす」という行為だった。彼の意識の内に、そういう行動はこれまで存在していなかったため、同種がそれをすることに本当にびっくりしたのだ。

ショックが少しやわらいだ翌日、彼は自分でもプルプルと尾を動かす、ということをやってみる。

できた！　簡単にできた。オカメインコの尾も、そういう動きができる構造になっていた。セキセイインコには冠羽がなかったが、オカメの尾は、アヒルの尾のように左右に動かせるものだった。数日後、尾を振るしぐさは文化として、もう一羽にも伝わり、セキセイ女子を除いた全員がやるようになった。

鳥の性格は一羽一羽ちがっていて

短時間、指で尾羽を押さえられたオカメインコの反応のちがいを紹介したことがある。それは、二〇一一年に書いた『インコの心理がわかる本』の中に納められている。

鳥も一羽ごと、ちがう性格をしていることを、鳥とあまり接点をもたない人にも少しリアルに伝えようと思って書いたものだったが、意外に反響が大きく、自宅の鳥にやってみたらこんな反応が返ってきました、というレスポンスもたくさんいただいた。

おなじ親から生まれても基本となる性格はまちまちで、さらに育ち方がちがえば性格も判断も行動様式もみんなちがう鳥になるという認識が、ここからさらに深まることとなった。

なお、最初に断っておくと、オカメインコなどの尾羽の長い鳥が集団でいると、だれかがだれかの尾羽を踏んづけて歩いたり、目の前にきた尾羽を意図的あるいは無意識に嘴で引っぱってみたりすることが日常的にある。家庭内だけでなく野生でもそういうことは起こる。つまり、日常の延長にあることを、一瞬だけ人間の手で引き起こしてみたということ。

その結果をあらためて書くと、1・怒る、2・あまり気にしない、3・指を離した瞬間、飛んで逃げる、4・懇願《こんがん》するような瞳で、「お願い、離して」と訴える、5・「動け、オレの足」のようなかんじで嘴で自分の足を引っぱる、などがあった。

振り返って見た人間の顔から、人間がわざと尾羽を押さえたことを悟った鳥と、なにが起こったのかわからない鳥がいた。加えて、まったくなにも気にしない鳥もいた。

怒った鳥と瞳で訴えた鳥は、人間がしたことを瞬時に理解して、人間に対してリアクションをしたということ。原因と結果を正確に把握したがゆえの反応だった。

これはほんの一例にすぎない。

怒りっぽく、ケンカっ早い鳥もいれば、おっとりしている鳥もいる。なにかあった際、パニックになりやすい鳥もいれば、ものかげに隠れてじっくり見て、状況を冷静に判断しようとする鳥もいる。そうした性格のちがいは、一律行動が強い野生では、まずわからない。

イヌやネコと暮らしても、すぐに一匹一匹性格がちがうことに気づくが、動物と暮らしたことのない人にその話をしても、誇張や擬人化が入っていると思われて、頑《かたく》なに信じてもらえないことも多い。まして鳥は、いわずもがなだ。

だれもがちがうからおもしろい

鳥も、鳥の数だけ、ちがう性格を見る。

感じ方や反応がちがうのは、それぞれが明確に「ちがう意識」をもっているからだ。

性格に広い幅があるのは、そういう幅がもてるだけの脳があるから。

つまり、鳥は、奥が深い。

若い雛を見ると、活発だとか、ぼんやりだとか、性格の方向性はなんとなくわかる。それでも実際の性格は、暮らしてみないことにはわからない。環境や育てる人間、先住の鳥の性格や接し方などによってもちがってくる。

だからおもしろく、だから鳥と暮らすことはやめられない！

暮らして、その性格を把握して、「あぁ、この子でよかった」、「この子を選んで正解だった」と思えたらいい。そう思えた時点で、その鳥と人間との関係は良好で、よい状況にあるとわかるから。ただ、大型のインコやオウムになると、脳がより高度になる分、性格にもさらに幅が出て、飼育が難しいと感じられることもある。

とても神経質だったり、その場の空気を把握しながらも、あえて「空気を読まない」ような「天《あま》の邪鬼《じゃく》」な態度を取るものがいたり。気分の変動がとても激しいものもいる。

人間には、どうしてもつきあえない相手や苦手な相手がいたりするが、大型の鳥と人間のあいだでもそういうことが出てきて、合わない相手どうしでは、どうやっても不幸な関係が生じてしまうことがある。人間が早めに気づいて、より合う人に譲渡《じょうと》したりできるといいのだが、その鳥のことが大嫌いになったあげく、無視・放置を含む虐待《ぎゃくたい》に至るケースもある。

その結果、鳥に大ケガや、修復不可能な心の傷を負わせてしまうケースさえあるのだ。

人間並みに複雑な心をもった個性の幅の広い相手とつきあっているという事実を飼い主側が理解するとともに、世の中への認知ももっと広げていく必要があるとずっと思っている。

飼い主と似てくる？

それでもおもしろく、不思議に思えることが、鳥にはある。例えばそれは、飼っている鳥の種や飼われている鳥がもつ性格を知って、飼い主について、「ああ」と納得することがけっこうあることなどだ。

セキセイインコを飼っている人、ブンチョウを飼っている人、オカメインコを飼っている人、というのはなんとなく雰囲気からわかる。話をしていて、鳥と暮らしていることがわかったとき、この人はコザクライ

ンコっぽいな、などと感じられることがあるからだ。

ためしに聞くと、意外に当たる。また、一羽飼い、二羽飼いなど、たくさんの鳥と暮らしていない場合、どんな子と暮らしているのか、その鳥の行動パターンや性格をたずねて返ってきた答えから、「目の前のこの人と似ているところがある……」と思ったりもする。

なんとなく、似ている相手を最初から選んでいる可能性はある。自分に合った種《しゅ》を選ぶ傾向があるのは、鳥と長く楽しく暮らしていきたいという思いが心の深部にあるからだろう。

そうそう。選ぶ、といえば、イヌについておもしろい論文があった。それは、飼い主を見ればイヌがわかり、イヌを見ればその飼い主がわかる、というもの。イヌと飼い主のペアの写真を複数枚並べ、どのイヌとどの飼い主が似ているか推理してもらって、それをもとにペアを当ててもらうという実験が日本を含めた複数の国で大まじめに行われている。人間もイヌも知らない第三者が、勘をたよりに似ていると思われるペアをつくると、かなりの確率で当たっているという。

飼っているうちに、人間とイヌの顔が似てくるらしい。それ以前に、いっしょに暮らすイヌを選ぶ際、無意識に自分の顔に似たものを選んでいるのではないかという指摘もある。少しちがうが、鳥を飼う人も、それと近い感覚で鳥を選んでいるかもしれないという思いが、この論文の存在を知る何年も前から胸の中にあったことを、ここに告白しておきたい。

嫉妬、期待、不満

人間がもつほとんどの感情を鳥ももつ。すべてがおなじというわけではないが、極めて近いものも多い。怒りもそう。怒りというのは、もっとも原始的な感情のひとつとされる。だれかに攻撃されたり、巣や雛を襲われたり、ナワバリをつくる鳥では、そこが侵害されると当然、怒る。家庭にいる鳥も、自分の楽しみを邪魔されると怒るし、好きな相手（特に人間）とだれかが仲良くしていると怒る。なお、後者は、嫉妬、とも呼ばれる。自分の優位《ゆうい》が揺らいでいるのを見たとき、許せないと鳥も思う。ちなみに目の前にいる鳥も、昼寝を起こされて怒っている。これは純粋に生理的な怒り。なので、放っておいても、すぐに消える。

怒った鳥は、嘴を大きく開け、顔を前へと突き出すようなポーズをする。その状態で舌を見せたり、顔を左右に振ったりする。鳥の顔には表情をつくる筋肉が少ないので、激怒から軽い怒りまで、人間にはすべてがおなじように見えてしまうが、鳥の心は複雑で、実は裏にはいろいろあることもわかっている。

鳥は基本的に臆病で、また、ふつうの鳥に強い攻撃能力はない。弱った相手なら嘴で突つき続ければ殺すこともできるが、対等な相手では、流血《りゅうけつ》の事態になっても相手が弱るところまでもっていくことは難しい。そういうことも自覚しているので、本気のケンカはそうそうしない。

ただ、怒った顔を相手に見せて、「怒っている」ことをしっかり伝えることには余念がない。また、相手が怖くて攻撃する勇気がない場合も、相手から舐められないように、怒りをこめた威嚇の表情を相手に向け続ける。実はその際、相手も怖がっていることがよくあり、おたがいに威嚇しあいながら、本格的なケンカにならなかったことに、ほっとしていることもある。

鳥と暮らしている人の多くは早い段階でその事実を悟るので、鳥が怒った顔をしたときは、「あぁ、本当は怖いけど、精いっぱい虚勢《きょせい》を張っているのね」と思い、心の中で、「怒った顔もかわいいよ」と語ったりもする。なお、鳥の怒りは沸《わ》き上がるのも早いが、霧《む》消《しょう》するのも早い。状況が変われば怒っていたこともさっさと忘れていつもどおりに振る舞うようになる。

嫉妬と不満

通常の怒りの場合ならそうなのだが、家庭内で自分が不利な立場にいることを強く実感したり、自分以外のだれかが自分よりもいい目にあっているところを目撃するなどして、嫉妬を伴う怒りを感じたとき、その鳥の頭から、いつまでも怒りが消えないことがある。

そんなときにすることといえば、やつあたりかヤケ食い。いや、本当に——。

目に入った自分より弱い相手を追いかけ、嘴で突ついて攻撃したり、反撃してこないとわかっている人間に噛みついたり、床に落ちると派手な音を出すものをわざと机やテーブルから落としたりする。擬人化でもなんでもなく、そんなことを鳥はやる。特に人間はいつ攻撃しても平気だと思っている鳥もいて、そうした鳥は皮膚に嘴を突き立てて力いっぱいひねったりもする。まったくもって、迷惑千万《せんばん》である。

余談になるが、魚もやつあたりをするという事実が最近になって判明した。どうやら、そういう心理は何億年も前から脊椎《せきつい》動物の中にあり、長く受け継がれてきたらしい。だとしたら、人間がやるのも、鳥がやるのも、わりと自然なことなのかもしれない。

しかし、結局、八つ当たりをしたところで本当の意味で気が晴れたりしないのも事実。そういう気持ちが積み重なって、特定の相手が嫌いになることがあるのも人間とおなじだ。

そうした鳥の怒りの解き方を知っている人間は、適当なタイミングで、解消テクニックを実行する。すなわち、「君がいちばんかわいいよ」というふうに撫で、ほかの鳥たちの前でその鳥を特別扱いしてやる。すると一瞬で気分は晴れて、怒りも嫉妬もどこへやら、元通りの状態になる。八つ当たりしたことさえも、すっぱり頭から消えてくれる。

ただ、羨ましい気持ちからくる嫉妬なら、そうやって解消させることもできるが、暮らしの中で行き場のない怒りや不満、不安を日常的に感じるようになって内に溜め込んでいる場合は、注意がいる。感じているストレスなどを、なるべく早く解消させる必要がある。

そうした鳥は、自分の体に怒りや不満をぶつけ、羽毛をむしったり、皮膚に嘴を立てて大流血の惨事《さんじ》を起こすことがある。自咬《じこう》や毛引きと呼ばれる。人間がそうであるように、怒りもそれ以外のストレスも上手く発散させることができず、自分の内に向いてしまう鳥は一定数いる。なるべく怒りや不満や不安を溜めないようにさせたいと思うが、心のあり方を変えるのはどんな生きものに対しても難しく、また鳥の心のすべてを知ることはどうしてもできないので、苦悩を抱えてしまうことも多い。

期待は未来予測

家庭に暮らす鳥は、朝、どういうタイミングで起こされるとか、一日のうちでいつ放鳥してもらえるとか、さまざまな学習をする。

人間の声や表情から、どんな気分なのかも知る。人間が喜びを感じていると、自分にもいいことがあることを学習した鳥は、そこに喜びを探すようにもなる。

飼い主がもってきたあるパッケージの中に美味しいものが入っていることを学習した鳥は、遠目に見た瞬間から、それを食べる自分をイメージする。瞬時に、美味しい→嬉しいがセットとなって胸に沸き上がる。すると、期待についつい踊ってしまう小さな子供のように、わくわくする心を押さえきれず、とまり木の上で小躍《こおど》りしてしまうこともある。

ほかにも、経験からよいことが起こりそうだと感じたとき、鳥は幸福な未来を夢見る。期待に胸をふくらませる。分かっている飼い主には、それが仕草から透けて見える。鳥と暮らしていない人にはなかなか信じてもらえないが、それもまた鳥なのである。

鳥の遊びと好奇心

遊びも、人間のもとで暮らすようになって急に増える鳥の行動のひとつ。いっしょに遊べる相手がいることが楽しくて、鳥との暮らしをはじめる人間もいる。

先にも解説したとおり、野生の鳥の多くには遊んでいる余裕がない。生き延びることがすべてなので、遊びにまわせるエネルギーもない。気持ちの余裕もない。ぽっかり時間ができたときは、余計なことはせずに体を休めることにまわす。それが野生で生きるということ。

ただし、体が十分に大きく、環境的にも能力的にも食料を確保するのに苦労しないですむ鳥や、それなりに脳が発達した、好奇心の強い鳥は別。ハシボソガラスやハシブトガラス、ワタリガラスなどのカラス類や、フォークランドカラカラなどのハヤブサ類、ニュージーランドのケア（ミヤマオウム）などは、野生でも自由闊達《かったつ》に遊ぶ姿が頻繁に見られる。民家のそばで暮らすオーストラリアのゴシキセイガイインコやキバタンなども、庭先の備品をおもちゃにし、人間にちょっかいをかけて遊ぶ。そうした行動も、彼らの日常の一部だ。

家庭内で日々、インコやオウムとつきあっていると、さまざまな遊びを見せてくれることに驚く。鳥用のおもちゃも、そうでないものも関係なく、さまざまなものが「おもちゃ」になる。彼らが「これ」で遊びたいと思ったなら、もうそれはおもちゃ。人間を巻き込むことが好きな鳥は、「人間で」遊びたがったり、人間といっしょになにかをしたがったりする。そして、人間との「駆け引き」も、彼らは愉《たの》しむ。

環境や生活リズムから、そうすることが許されている場合、一日の大半を遊ぶことに費やす鳥もいる。繁殖することなく家庭で一生を終える鳥は、その生涯の大部分が遊びと結びついていると言っても過言ではない。家庭は、それを許す。

鳥が遊ぶための条件

鳥が遊ぶためには、遊ぼうという意思と、遊べるだけの心の余裕、どうやって遊ぶか考える脳、遊ぶことを楽しめる心、まわりを気にせず遊ぶことのできる安全な環境、などが必要になる。加えて、ものや人を観察して見きわめる力と、好奇心も重要なファクターとなる。

ここで挙げたすべての条件が満たされないと遊ぶことはできない。野生で遊んでいる鳥たちは、これらの条件が満たされた状態にある、ということだ。そして、こうしたらおもしろいかも……という思考が、遊びに向かう心をつくる。

自分の心の中にあるメロディーに合わせて踊ってみる。机の上にあるものを順番に落としては人間に拾わせ、それをまた落とす。箱の中のティッシュペーパーを一枚ずつ引き出しては床に放り投げる。そして、それが広がっていく様を見る。散らかったものを片づける人間を眺めることが遊びとなる鳥もいる。

おもしろければいつまでもやる。こうしたらもっとおもしろいかも、おもしろくなるかも、と閃《ひらめ》いたら、アレンジしてやってみる。

種によっては、取っ組み合いなど、自分とだれかの体を使う遊びもする。人間とする遊びにも、こういうタイプの遊びが含まれている。仲間と思う相手や、好きな相手との肉体的な接触は、頭脳的な遊びとはまた異なる刺激を脳に届け、ちがう快楽物質を分泌する。触れ合いは幸福感や安心感ももたらす。そういう刺激を必要とすることもある。

哺乳類の子供は、成長する過程で、よく取っ組み合いをする。仲間との距離感や相手にケガをさせない咬《か》み方なども、そういう遊びを通して知る。社会的な動

物では、社会性を身につけるためにこうした遊びが必要だと言われる。しかし、飼われているイヌなどを除き、哺乳類は大人になるとあまり遊ばなくなる。

鳥は、この点が大きくちがう。逆なのだ。

鳥が遊ぶのは、成鳥になってからが中心となる。鳥の遊びの楽しみ方は、この点、人間に近い。

雛のうちは、成長することが人生（鳥生《とりせい》）のすべてで、まだ若いその鳥生には遊びが入ってくる余裕がない。雛は成長することに自分が使えるほぼすべてのエネルギーをまわす。鳥の多くは数週間で大人と同サイズまで成長し、そこから数カ月から数年をかけて性成熟するが、いわゆる若者であるその期間に多くの経験をして、遊ぶ楽しさも知るようになる。

あらためて鳥と暮らしはじめてからずっと、その意味を考えていた。長く見ていてわかったのは、大人の鳥と人間の子供の思考はけっこう近い、ということ。

遊びにも、その心の近さが出る。

ちなみに人間の大人は、生物としては十代の子供がそのまま年を重ねたようなものなので、子供の思考から理解が可能だ。大人や老人と呼ばれる年齢になっても、中身は十代とあまりかわっていない。人間の大人も、子供とおなじような遊びをするし、成長して脳の機能が上がった場合、より知的な遊びもするようになる。が、俯瞰《ふかん》して見ると、あらゆる年代の人間の遊びにも、鳥の遊びと相似《そうじ》である部分があると気づく。

鳥との生活を通して得られる心理の把握や鳥とのつきあい方は、子供との生活に応用できる。逆に、子供との生活の中で実感できたことは、鳥との暮らしにも応用できる。

育児書や児童の親に向けた書籍から鳥の飼育に活用できることはたくさんあるし、心理的なものを含めて解説する鳥の飼育書の内容の一部は、育児書にも流用できる。鳥と人間の心が近いという認識は、『鳥を識る』を書いて以降、さらに強まった気がしている。

好奇心は両刃の剣

遊びと好奇心は切っても切れない関係にある。そして好奇心は、死の危険と隣り合わせながら、その生物の地上での繁栄の鍵を握るもののひとつとなる。なぜなら、未踏《みとう》の地に踏み出す無謀《むぼう》がなければ、生息域の拡大や、新たな環境への適応はないからだ。ゆえに、狭い地域から世界に広がって居住域を拡大し、分化して亜種《あしゅ》から独立種を増やしていった鳥と、その好奇心の強さにはそれなりの関係があったのではないかと思っている。

なお、好奇心は完全に成長しきった個体よりも、経験の少ない若い個体の方が強い。自身が痛い目にあった経験も少なく、好奇心に誘われて行動した結果、死んでいく仲間もまだあまり見たことがない若い鳥は、新たな環境に飛び出していくことに躊躇《ちゅうちょ》しない。

例えばペンギンは、若い個体だけが、海流に乗って、本来の居住エリアの外まで進出していく。専門家の多くは、経験不足から海流の流れを読みきれず、さらには体力的にも劣っているために、流されて遠方まで行ってしまうのだという見解をもつ。だが、本当にそれだけだろうか？　好奇心や、若者特有の無謀な冒険心が遠方へと駆り立てるのではないのか？

いずれにしても、そうやって遠方にたどり着いたペンギンは、おなじようにしてやってきた仲間とつがいになり、そういうカップルが複数いて、上手く子孫を残せたら、そこに新たなコロニーを築くことになる。寒帯《かんたい》、亜寒帯《あかんたい》を除いた地球のあらゆる大陸にインコが生息しているのも、そうやって分布を広げていったがゆえではなかったのだろうか。

好奇心と冒険心が人間を宇宙に向かわせる。フィクションであるエンタープライズ号の物語もまた、そうやって綴《つづ》られたもの。未知のものや未知の世界は当然怖い。だが、未知であることに関心もある。好奇心が騒ぐ。そんな気持ちを、おそらく鳥も人間ももっている。

人間の言葉で話してくれたら

「鳥と話せたら――」、「鳥が人間の言葉で気持ちを伝えてくれたらいいのに」

そんな言葉を聞くことも多い。無邪気に発せられる言葉。

いろんな場所から聞こえてくる。

その言葉の裏には、愛する鳥のことをもっと理解したい、理解しあいたい、という気持ちがあることはわかる。特に子供の場合、「大好きなあなたのことをもっとちゃんと知って、もっと好きになりたい！」という心の発露《はつろ》として、口からこぼれた言葉であることも多い。

それはある意味、自然なことであり、褒《ほ》めてあげたいことでもある。

人間だけに限らず、それがどんな生きものであったとしても、好きな相手を理解したいという気持ちをもつことは、大人になったときにまわりとうまくやっていく力になるはずだから。人生を豊かにしてくれるコミュニーケーションの力に、きっとなる。

ただ大人は、それを口にする前に、「鳥が人間の言葉を話す」ということの意味を、ほんの少しだけリアリティをもって考えてほしいとも思う。

ファンタジックなアニメなどで、そういう世界――動物と人間がふつうに会話する日常が描かれることもある。けれど、そこで思考を止めないでほしい。そこにあるのは、ある意味、美しく、平和な世界だ。だが、そんな魔法は現実には存在しない。

鳥が人間の言葉を話せるように――、というのは、人間はただ受け身で待つだけで、「なにもしない」ということでもある。努力をするのはその鳥だけ、ということを意味する。

その鳥は日本語とか英語とか、ある言語の概念を広く理解して、語彙《ごい》を増やし、話せるようになるため体をつくり、あなたの前に立つ。あなたは、その結果を受け止めるだけ。

それは本当に正しいことだろうか？

科学や文明を手に入れることができた万物《ばんぶつ》の霊長としてのポジションを誇りにするなら、相手をわかるための「努力」をすべきは人間の方ではないかと思っている。地球に生きるすべての生きものの中で、もっとも高度に脳を発達させたと自負《じふ》するのなら、ことさらに。

飼い鳥は努力をしてきた

人間が、「言葉を話せるようになって、なにを考えているのか教えてほしい」と願うのは、ほとんどの場合、自身と深い接点のある相手に限られる。野の鳥が窓の外で囀ったからといって、「人間の言葉を話して考えを教えてくれ」とはあまり思わないだろう。

身近な相手だからこそ、そう思う。しぐさや声の調子などから、その鳥が伝えたいことがあると感じられたとき、そんなふうに思ってしまうこともある。だから、そうした「人間の言葉で自分のことを話してくれたらいいのに」という気持ち自体は否定しない。大人でも、子供でも、根底《こんてい》には相手をもっと理解したいという思いが絶対にあるはずだから。

ペッパーバーグ博士のもとにいた、亡くなったヨウムのアレックスのように、訓練によって人間との会話が可能になった鳥もいるが、それは例外中の例外だ。だが、言葉による意思疎通がないからといって、鳥の意思や気持ちがわからないわけではない。家族の一員としてともに暮らしている相手なら、顔つきやしぐさや声などから、その瞬間にその鳥が思っていること、願っていること、考えていること、望んでいることは、かなり伝わってくる。

飼育されている鳥が、ともに暮らす人間を「好き」と意識して心を開いた瞬間から、その鳥は、自身に的確な訓練を課して、人間の表情や行動から、感情や意思を推察できるようになる。言葉はわからなくても、「おはよう」「おやすみ」「美味しい？」など、ある響きの言葉が、どんな状況に対応するのかを、ちゃんと理解するようになる。

言葉を学習できるインコやオウムにいたっては、言葉をおぼえて、それを「活用」したりするようにもなる。もちろん、自分にとってのメリットがあるからこそおぼえるのだが、言葉を口にしたときの人間の喜びの表情から、おぼえてよかったと実感することも多い。

意思の疎通ができるようになってきた鳥は、人間を理解するために、陰で自分にできる最大限の努力をしていると思ってほしい。

多くの人間は「動物を理解する」という意思に欠ける。だが鳥は、身近で接してみると、ほかの動物よりもずっと「わかりやすい」ことがわかるはず。なぜなら鳥は、多くの人間が思っているより賢く、その意識構造は、進化上の理由から、ずっと人間に近いのだから。もっとはっきりと言うなら、鳥の心は人間の心をシンプルに、原始的にしたものに近いのだから。

人間側も鳥の意思や感情をわかろうと努力することで、言葉など介さなくても、鳥の心や気持ちや意思や願いが少しずつわかるようになってくるはず。

だれもがごく自然にそんなふうに考えるようになったとき、「鳥が言葉を話せるように――」というセリフの奥にあった本当の目的である「鳥との相互理解」は進んでいくと思っている。その第一歩となる鍵は、すでにあなたがもっているのだから。

美味しいものをください

「美味しいものが食べたい」

そう思うことがある。仕事などで体も脳も疲れていると、適度に甘いものや赤味の肉が食べたくなったりする。いいお米といい海苔を使った「おにぎり」が脳裏に浮かぶことも。

「食べる楽しみ」もまた、人生の幸せのひとつ。そう実感する人も多いだろう。

鳥にとっても、食べること——食べ物を得られることは、人生（鳥生）の幸福とつながっている。食べることは、「死なないこと」。すなわち、この「生」はまだ続くと体が実感することにほかならない。だから鳥にとっては、食べられること、それ自体が幸福でもある。

野生では、必ず食べ物が見つかるとはかぎらない。年間を通して食料が豊かな土地に住んでいるなら別だが、そうでないことも多い。だから、豊富な食べ物が見つかったとき、鳥は食べられる量をしっかり食べる。脳が、「食べろ」と指示を出す。

飼育されている鳥にもおなじ本能がある。ただ、その本能が強く働くものと、そうでないものがいる。「食べ物は十分あるから、急いでたくさん食べる必要はない」と脳が制止の信号を出す鳥は、体が必要とする分だけを食べる。逆に、制止を振り切るほどに「食べろ！」

という信号が強く出てしまう鳥は、目の前のものを食べたいだけ食べ、その結果、太る。死を回避したい本能と、食べることによって生じる幸福感が、それを静止する声を聞こえなくしてしまうからだ。

いっしょに食べる幸せ

いつもと代わり映えしない食事も、仲間と食べると美味しく感じる。独りの食事はなんだか味気ない。人間はそう感じるが、実は鳥もおなじ。多くの鳥は群れで暮らすため、タイミングを合わせて食べる傾向がある。そうすることで安心感が得られるためだ。

だから、大好きな人間が留守にしていると、食べずに待っていたりする。いっしょに食べたいのは、独りで食べることが不安ということに加えて、いっしょに食べる方が心が満たされて、美味しく感じられるからでもある。

二十歳も過ぎた今は待たずに食べてくれるようになったが、うちのノーマル・オカメインコの茗《めい》は若い頃、留守にするとほとんど食べずに待っている鳥だった。帰宅が深夜の一時を過ぎても食べずに待っている。なので、飲み会も二次会には行かずに帰る日々だった。だれも信じてくれなかったが、「インコがご飯食べずに待っているので帰ります」というのは、言い訳などではなかった。本当にそうだったのだ。

よく馴れている鳥が食事の場で嬉しく感じるのは、いっしょに食べることと、人間から食べ物を分けてもらうこと。群れの仲間が食べるのを見ながらいっしょに食べるのは、鳥として幸福なことだが、好きな相手から食べているものを分けてもらえることも大きな幸せとなる。そういう気持ちから、人間の食べ物に関心をもつようになる鳥も多い。食べているのを見て、「それ、美味しい？」とか「ちょうだい」と、強引な態度で迫ってきたりもする。

どうしても食べたくてしかたがないとき、隙《すき》を見て、奪って逃げることもある。インコの場合、「あーん」と口を開けて舌を出す。上の嘴と舌で掴むようにして受け取るためだ。

だが、鳥の体は人間の体とはちがう。人間の食べ物は、人間には問題なくても鳥には摂取できないものや有害なものも多い。なので、基本的には人間の食べ物を鳥には与えないのが飼育のルール。ただし、葉類やコーンなどがベースのドレッシング抜きのサラダなど、鳥が食べてもいいものなら、いっしょに食べるのもいい。おなじものをいっしょに食べて「美味しいね」と言葉と視線を交わし合うのも、よいコミュニケーションとなるからだ。

鳥も美味しいものが食べたい？

「もらった食べものを美味しいと感じている？　気持ちの問題じゃなく、実際に味覚として美味しいと感じているの？」という問いかけがある。

答えは「イエス」。鳥にも食べ物の味がちゃんとわかる。動物の舌には「味蕾《みらい》」と呼ばれる味を感じ取る細胞がある。味蕾だけでなく、匂いを感じる「嗅覚細胞《きゅうかく》」も鳥の鼻の奥にしっかりある。人間と比べるとどちらも数は少ないが、機能するには十分な数。だから味と匂いがリンクして、人間のように「美味しさ」を感じ取ることができる。ちなみに鳥の中で味蕾の数がもっとも多いのはオウムやインコとされる。ただし、鳥がもつ「味蕾の種類」は人間よりも少ないことから、人間が感じているすべての味が彼らに感じられるわけではない。

味蕾の種類が少ないのは、雑食のものを除き、鳥は食べるものがある程度決まっていることと、また食べたものを丸飲みするタイプの鳥では、あまり味を感じる必要がないことなどが挙げられる。噛むことで口内に広がる食べ物の味わいが、鳥には少ないということだ。

味蕾は液体に満たされていてはじめて機能する。鳥の嘴は完全密閉しないため、舌の先端部は乾燥しがちで味蕾が存在しにくいことも、鳥の舌に味蕾が少ない理由とされる。そのため鳥の味蕾は、舌先でなく、咽頭《いんとう》や喉頭《こうとう》、舌の奥側に集中する。こういう構造により、丸飲みしたものも飲み込む際に、その表面の味を喉元で感じ取れるようになっている。

ちなみに、人間には五種類の味蕾があって、塩味、酸味、甘味、苦味、うま味を知覚するが、鳥の場合、甘味を感じる味蕾をもたないものも多い。

「ならば、鳥には甘味がわからない？　鳥は甘味を感じることができない？」

その質問の答えは「ノー」。ちゃんと感じている。花蜜《かみつ》が主食のハチドリはもちろん、ゴシキセイガイインコなども花粉や花の蜜を舐める。日本でも、ヒヨドリが春、顔じゅう花粉だらけになりながら、甘い花蜜を舐める姿を見る。

生物の体は実は意外に適当――フレキシブルで、足りないものはあるものを改造して使うようになっている。例えば、青と［赤／緑］の二種類の視細胞しかもたなかった霊長類の祖先は、後者の細胞を強引に赤と緑に分けることで、三種類の視細胞を得て、フルカラーの視覚を手に入れた。それによって、人間は世界をカラーで見ることができるようになった。

ハチドリなどの一部の鳥は、アミノ酸の味を感じ取る「うま味」の味蕾を修正することで甘味を感じられるようになった。確認待ちだが、甘いものに目がないヒヨドリなども、おそらく同様と推測されている。

いっしょに食べようと誘うルーク。遠慮気味の菜摘。

6章

鳥が教えてくれた大事なこと

鳥にだって、心も感情もある

二十年ほど前までは、肉食恐竜が進化して鳥になったという話をしても眉唾《まゆつば》と思われ、真剣に聞いてもらえないことが多かった。また、鳥にも、喜んだり、怒ったりするような感情があると言っても、ほとんどだれにも信じてもらえなかった。

前者はいまや定説となり、事実としてテレビなどでも紹介され、子供たちの図鑑類にもしっかり反映されている。だが、後者の理解は遅々としていて、世の中の理解が深まったとはいえない状況がいまだに続く。自分がこれまで書いてきた本が少しだけ理解に貢献した手応えはあるものの、本当に理解されるまでには、まだあと数世紀かかりそうな予感もある。

そもそも心をもつのは人間だけで、動物にも心があることを認めない流れは、人類の文明が起こって以来ずっとあった。身近な哺乳類にも心の存在を認めないのだから、より遠い鳥類には認めるどころではなかった。鳥といえば、美麗《びれい》に囀る野の飾り、知性も感情もない、空気のような存在という扱いだった。

複雑な感情や、喜怒哀楽を感じる心は、機能が高く発達した脳と密接な関係がある。そして鳥には、哺乳類とはまったく異なるかたちに進化しながらも、哺乳類に匹敵する高度な処理能力がある立派な脳があることがわかっている。

そういう事実があると言っても、世の中の大半は信じない。道具を使う鳥の具体例や、鳥の脳内での信号処理がどうなっているのかなど、科学的根拠を並べても信じない。どうかわかってくださいとお願いしても信じない。

笑ってしまうほど信じてもらえない。

それでも、真実を伝えていくしかない。

心は遺伝する

双子の心や、その感じ方、行動の研究を通して、心はどのように遺伝するのか探る研究が行われている。『心はどのように遺伝するか』（講談社）という本もあり、著者の安藤寿康《じゅこう》さんによる同書をテーマとした授業も受けさせていただいた。

心は遺伝する。心は遺伝的である。メンデルが示したように、メンデル以前の江戸の人々が知っていてメンデルの法則以前から品種改良に応用していたように、親の形質は子供に遺伝する。同時に、親やさらに親の親から受け継いだ心や性格、行動様式、能力も、遺伝の影響を受ける。それは科学的に認められた事実であり、「行動遺伝学」という学問も成立した。

では、それ——親からの遺伝は、どこまでたどれるのか？

複数の人類学者に、「私たち人類とネアンデルタール人の心は、どこが似ていてどこがちがっていたのか?」と問うと、それぞれが思うちがいや共通点を聞くことができる。

そうした返答が得られる背景には、同時代に共存した私たちの祖先とネアンデールタール人には、ともに「心」があったということが、なんの疑問もない大前提として研究者の内にあるためだ。逆に、心がなかったなどありえないだろうという返答をもらう。

そうした祖先たちから受け継いだ心を、現在の私たちはもっている、というのは私たち自身を理解するための大前提でもある。だとすると、少しおもしろいことに行き当たる。肉体的な資質、形質とともに心も遺伝するのだとしたら、私たちの心の数パーセントはネアンデルタール人から受け継いだものかもしれない、と。

余談は置いておいて、話を進めよう。

ならば、「心」の存在はどこまで辿ることができるのか。人類学を中心に、各方面の書籍や論文を読み進めてみる。すると、チンパンジーやゴリラなど、近縁の類人猿と分かれた数百万年前にも、原始的ではあるが心はあっただろうという考えにぶつかる。

そうしたことを動物心理学の研究者に話すと、「なにをあたりまえのことを」という返答も返ってくる。イヌにはイヌの、ネコにはネコの、ゾウにはゾウの、イルカにはイルカの心があるだろう。あって当然と。

慶應義塾《けいおうぎじゅく》大学で動物の心理、特に鳥類の心理を研究されていた渡辺茂さんには本当にお世話になった。十年にもわたって何度も長時間の取材をさせていただいたうえ、大学で授業を受けていた時期もある。先生が『鳥脳力』（化学同人）という書籍を書かれた際は、こちらが書いた『鳥の脳力を探る』（SBクリエイティブ／サイエンス・アイ新書）という本もメインの参考文献の一冊として採用していただいた。光栄なことである。

およそ脳をもって活動する生物には、その脳に沿った心があるのではないかと教えてくださったのは渡辺さんだ。ダンスの善し悪しや歌の上手さなどから伴侶《はんりょ》を選ぶ鳥は、その心に美を感じる心があり、それをもとにした美の基準があって、「美学」のようなものをもっているはず。それを「動物美学」と名づけ、その美学は、進化の中のどこで身につけたのか探りたいとおっしゃったことを、今も鮮明におぼえている。もう十数年も前のことなのに。

なお、おなじような環境で暮らし、おなじような感覚をもつ生物は、進化上遠く離れた種であっても、近い心をもつように進化する可能性がある、というのは渡辺さんの言でもある。肉体的な進化の収斂《しゅうれん》が起こるように、心にも「収斂」が起こるのではないかと示唆された。

それが、『鳥を識る』の根幹となる思想をつくったのも事実である。そういう意味でも、本当に感謝は絶えない。自分が書いたり研究したりするうえで、もっとも影響を与えた研究者は渡辺茂さんだと言っても過言ではない。

心の三点観測

人間だけを見ていても、人間とはなにかを十分に理解することはかなわない。人間の本質や知性の本質を理解するために、チンパンジーやボノボの研究が盛んに行われているが、そこだけでは精度が不足すると感じている。まだ足りないのだ。

例えば、生物として離れた存在である鳥との比較も加えることで、人間の理解、知性の理解、進化の道筋の理解は、格段に深まるのではないかと思う。そのなかで鍵を握っているのは、鳥の中でも知性の双璧を誇るカラスと大型のインコ・オウムだと確信している。

逆に、人間と、人間に次ぐ知性をもつとされるチンパンジー、そして海中に暮らす知的な哺乳類であるイルカやクジラの基本行動や心、コミュニケーション術などの理解を深めることで、鳥の心や感情、知性の本質に、より深く迫れると思っている。

そうしたアプローチの第一弾として書かせていただいたのが『鳥を識る』である。

近縁である人間とチンパンジーには似ているところがたくさんある。逆に、進化上とても遠いはずの鳥の行動や心の中にも、人間と近いものを見つけることができる。そこにこそ、人間を含めた動物の心や感情を、より深く理解するためのヒントが無数に眠っていると確信する。だから、これからも両者を見つめ続け、全体を俯瞰《ふかん》し続けることを止めない。

余計なことを考えすぎない

人間は、考えすぎて自滅することがある。

なまじ、先のことまでいろいろと考えてしまうがゆえに、「この先、起こるかもしれないこと」を想像して、恐怖を感じたり、絶望感に襲われたりする。

起こりうる可能性に縛《しば》られて、適切な判断力をなくしてしまうこともある。さらには、未来を予想してしまったことで先走り、自分の手で未来を台無しにしてしまうことさえある。

楽観も悲観もせず、純粋に可能性だけで将来のことを考えることができたらいいのだが、そうもいかないのが人間というもの。ものごとを都合よく考えてしまうこともあれば、最悪の予想以外、なにも考えられなくなることもある。

どういう人物かにもよるが、未来をいっさい考えない人間はいない。自分の場合は、起こりうることはイメージしておいて、可能な対応をしっかり考えておきたい方だ。起こりうることを確率が高い順番にイメージして、それぞれのケースについて、どう対処するかを決めておく。そうしないと安心できない。

そんな自分の性格を振り返って、編集者だなぁ……と、ときどき思う。

全部考えておけば、そのときが来ても慌てることがない。細かい状況がちがっていたとしても、微修正でなんとかなるという確信は、心に余裕を生む。なにがあってもパニックになることだけは避けたいので、ふだんからいろいろ考えて、ネットでも常に情報を集める、というかんじ。そのときになってから考える、ということは基本的にしない。

そんな意識は、本を書くときにも反映されている。

例えば、『うちの鳥の老いじたく』などは、そういう意識で書かれたものだ。そう言われて、「あぁ、なるほど」と思われた方もいるかもしれない。

ただ、こういうやり方には必ず無駄も出る。つねに複数の可能性を考え、状況ごとの対応を考えておくというやり方は、たったひとつを除き、残りの準備は完全に無駄になるから。

また、必死に予想したにもかかわらず、想定外の出来事が起こり、予想外の結果になることもある。そうなると、またすべて一から考えなおして対応しないといけない。

こうしたやり方・考え方に対し、未来に対しては、プラスのイメージだけをもって生きるのがいい、という意見もある。悪いことはあまり想定せず、こうなってほしいという願いを心に強くもって生きると、意外とそういうふうに事態が進むのだという。

そういう論文もあり、奨励《しょうれい》されることも多い。ただ、このあたりは性格的なものもあって、自分には残念ながらできない。まぁ、しかたがない。

鳥はシンプル

一方の鳥。飼われている鳥は特に、ともに暮らす人間とのあいだで起こる、嬉しいことや嫌なことを予想することはあっても、人間のように、この先の未来を想像したりはしない。例えば病気に感染しても、その結果を考えて生きたりしないことはよく知られたとおり。

鳥は、事態が起こってから考える。先の先まで考えたりしないので、未来を思い悩んだりしない。この先どう生きようか、あらためて考えたりしない。「自分の生き方」は、とうに決まっているのだから、これまでしてきたとおりに生きるだけ。置かれた状況にまっすぐ向き合って、「今できること」だけを考える。

その際は、「今すべきこと」ではなく「今できること」というのがポイントだ。直感的に、頭に浮かんだことをやる。そして、とりあえず動いてみてから、それでまずかったら修正したり、どうしてもだめならやり直す。それが基本的な鳥の生き方でもある。それは、なかなか人間にできることではない。だが、そこから学べることは確かにある。

人間が未来を選択する際も、実は「できること」を順番に積み重ねていっているにすぎない。未来が見えなくなってパニックになってしまうと、目の前にいくつかの「できること」があって、選択肢があっても、それに気がつかなくなったりする。それは絶対にマイナスなので、そういう事態にならないようにしたいもの。

鳥は、状況的に心理的パニックに陥ったとしても、「できること」は迷わない。ただ、頭に浮かんだことをする。「できること」が目の前から消えてしまうことはない。

人間は、完全に鳥のようには生きられない。どうしても、未来が脳裏に残る。だが、そんなときだからこそ、シンプルに「今できること」を思い浮かべることが大事なのかもしれない。なにかひとつやったら、次にやることがきっと目の前に見えてくる。その繰り返しが、結果的に未来をつくる可能性はある。

暗い未来予想がのしかかってきたとき、状況が八方《はっぽう》塞《ふさ》がりに感じられたとき。とにかく目の前にある「今できること」を拾い上げてみるのも手だ。それは、なにもしないまま、なにもできないまま時間が過ぎていくよりも、ずっといいことだと思う。

「好き」を伝えることの大切さ

人間は、「好き」を伝えるのが下手だ。日本人は特にそう。伝えることが必要なときに躊《ちゅう》躇《ちょ》してしまって、大切な関係をなくしてしまうことさえある。

その点、鳥はシンプル。好きだと思ったら、ためらうことなくそれを伝える。もちろん相手から拒否されることもあるが、伝えないことにはなにもはじまらない。だから全力で、自分の思いをストレートに告げる。「大好きです！」と。

鳥は体裁も考えない。フラれることを恥だとも思っていない。なので、躊躇しない。フラれても、ときに翌日、またアピールしたりする。相手に絶対にその気がないと確信するとあきらめも出てくるが、時間をかけて口説くことでカップリングが成立することもある。その可能性を知っているからこそ、自身が納得するまでアピールするのをやめない。

アニメの『ルパン三世』では、ルパンがことあるたびに峰不二子を口説くが、鳥のやり方はまさにそれ。どんな結果になろうと、気まずい関係にはならないところもおなじ。これもひとつのやり方なのだと深く実感したのは、いつの頃だっただろう。自分にはなかなかできない方法だが、人間関係をつくるやり方としては、これも「あり」だと思った。

恥ずかしいと思うのは無駄？

とまり木から足を滑らせて床に落ち、さらにそれを人間に見られるなど、「失敗」に加えて、見られたくない相手にそのシーンを見つかってしまったとき、インコやオウムは人間でいうところの「恥ずかしい」という感情か、それに近い気持ちを抱くようなことがあると感じている。それは多くの鳥飼いさんから聞くことでもあるし、おなじようなことはネコでもあると、ネコと暮らす飼い主の方からも聞く。

なので、「恥ずかしい」という感情は、鳥の中でおそらく皆無ではない。だが、プロポーズをして断られるとか、そういうことについての「恥」を、鳥は明らかにもっていない。

鳥がためらうことなくプロポーズをするのは、ある意味、鳥は単純な生きものであり、頭に浮かんだことをすぐに実行してしまうのが性《さが》だからだと、ずっと思っていた。だが、本当はそうではないかもしれないと、最近思うようになった。

野生の鳥の場合、一年生存率はかなり低い。そこからさらに数年生きられるかどうかは運しだいでもある。明日、敵に襲われるかもしれない。病気になるかもしれない。暑さ、寒さで体が弱って死んでしまうかもしれない。食べ物が見つけられず、餓死《がし》する可能性だってある。未来はだれにも、けっして保証されない。

それゆえ、子孫を残そうと思うなら、気に入った相手を見つけたときは、うまくいくかどうかは別として、とにかくプロポーズすべきだと、本能が強く告げるのだ。

もちろん、そんなことを頭の中で考えたり、未来のことに思いを馳《は》せたりするわけではない。それでも、長く生き延びる可能性が決して高くないことを知っている鳥には、「今」を失ったら、子孫を残す未来はないという不安にも似た感覚が、脳のどこかにある。それは、人と暮らす鳥の中にも、ずっと残り続ける。

そんな心で生きる鳥には、出会った相手にプロポーズしてフラれたとしても、それを恥じるような意識は生まれない。相手に「好き」と伝えるのは、もっと切羽《せっぱ》詰まった感覚だからだ。もちろん、プロポーズされた方もそれを理解している。人間のことを好きになってしまった鳥も、それゆえに全身全霊で愛情を伝えてくる。人間は鳥の繁殖欲求には応えられないが、それでも「好き」を伝えていっしょに生きたいと願う鳥の心は、とても真剣だ。

置かれた状況こそ大きく異なるが、鳥とおなじように、明日は生きていないかもしれないという気持ちは、犯罪者であるルパンにもある。だからこその峰不二子への態度なのだ。

「好き」をかたちに

人間にはどうしても、「今日が終わっても、明日がくる」、「まだまだ人生は長い」という悠長《ゆうちょう》な気持ちがある。確かに鳥――特に野生の鳥と比べると、人間に突然の死が訪れる確率は低い。だが、けっして零《ゼロ》というわけではない。人生には、不慮《ふりょ》の事態や思いがけない状況もある。また、だれも永遠には生きられない。

突然、思いがけない状況に陥ってしまった人たちは、大切なことをしっかり口にしておけばよかった、ちゃんと伝えておけばよかったと揃って口にする。その言葉は、とても重い。

鳥たちを見ていて思うのは、人間も、恋愛としての「好き」はもちろん、仲間のあいだの「好き」にしても、対象となる相手にもっとしっかり伝えるべきではないか、ということだ。あとから後悔しないためにも。あとで泣かないためにも。

その瞬間や、相手に告げる直前までは、恥ずかしい気持ちは確かにあると思う。それでも、伝えておく必要のある相手には、やはり伝えておくべきではないかと思っている。

口に出して言わなくても伝わっているだろう、ではダメ。「好き」を口にし、態度でも示さないと、きっといつか、それを悔やむことになる。

鳥も後悔する？

思ったことをストレートに伝えることが身上《しんじょう》の鳥にも、伝えられなかった後悔は存在するのかもしれないと、最近、思うようになった。ふだんは感情を強く態度に出したりしないメス、最年長のオカメインコ、菜摘の行動を見ていてそう思った。
先の章でも触れたように、彼女は同種のアルか茗《めい》のつがいの相手になってくれることを期待して、一九九九年に連れてきた鳥。特にアルとの成就を願ったが、おたがいにあまり関心を向けることなく、カップリングは失敗した。したはずだった。

だが最近、ボイスレコーダーに残っている十年前に亡くなったアルの声を再生すると、菜摘はあらんかぎりの音量で絶叫するようになった。

「ねぇ？　隣の部屋にいるの？　私はここよ。返事をして！」

その必死な声は、どうみても、そう叫んでいるようにしか聞こえない。そしてその声の裏には、「あなたが好き！」という感情があるように思えてならない。

何十年も鳥と暮らし、それぞれの個性と喜怒哀楽のす

穏やかに一人遊びをしていても、アルの声が聞こえた瞬間に絶叫する菜摘。

べてを見てきて、強くそう思う。

もう一度会えたら、今度こそ、ちゃんと「好き」って言いたいの。そんなふうに思ってしまうのは、彼女に感情移入しすぎてしまう同居人だからなのだろうが、それでも彼女の感情を大きく読み違えてはいないと思っている。

亡くなってからの十年で気持ちが醸成《じょうせい》された？　それとも、「好き」という態度を示せなかった後悔が強まった？

それはわからない。鳥にそんな記憶や感情があるはずがないという人もいるが、本当にわからない。

今、アルが生きていたら、菜摘は十年前とはちがう態度で接するように思う。おなじように素っ気なく振る舞いながらも、どこかちがう態度を見せるのではないかと思う。そして、過去とはちがう出来事が起こりそうな気も、少ししている。

運命との向き合い方

鳥は悩まない。

翼や足や片目など、体の一部を失って不自由な状態になっても、傷が癒えたとき、その体でできることをする。病気にかかり、完治したのちに後遺症として障碍《しょうがい》が残ったケースでもおなじだ。

とにかく食べて寝て、命をつなげることを最優先にして、その体で生きていくために可能なことをやる。精いっぱい。「死」が訪れるその瞬間まで、意識は「生」へと向いている。そこにあきらめはない。鳥の脳の中には、「悩むのは無駄」、「生きていく上で必要なこと以外考えるな」という本能の声がある。

例えば、翼を失い、飛翔力をなくすことは、鳥にとっては鳥としてのアイデンティティに関わる大問題で、人間にはわからないところで「悲しみ」のような感情があるのかもしれない。だが、そんな感情は、外からはほとんど見えない。鳥が見せないようにしているのではなく、表には出てこない。

飛べなくなることで捕食者からは逃げにくくなるのは確実で、生存のための確率が極端に下がるのも事実。それゆえに、心の奥底には遭遇するかもしれない非常時の不安から来る恐怖もあるのかもしれない。

それでも、鳥は悩まない。無駄なことは考えない。なぜなら、まず、今、この瞬間を生きることが大事だから。

たとえ不安があったとしても、日常生活の中では、そこに意識を向けることはない。心臓が止まるその瞬間まで、生きることだけ考えている。それが鳥という生きものだ。

大事なことは生き続けることと鳥は教える

生きるために食べ物を探すことには意味がある。体を休めること、睡眠を確保するのも大事なこと。だが、失ったものについてあれこれ考えても、生きることに対して、なにもプラスにはならない。そのことで頭をいっぱいにしても、お腹はいっぱいにはならない。立ち止まって悩んだりすることは周囲に対する注意力を落とすことにもなり、自分の命を縮めることになりかねない。

考えるな。行動しろ。まず生きろ。鳥の脳に響く本能の声は正しい。

それは、鳥たちから学ぶべきことだと思う。

自分が負った大きなケガの責任がもしも自分にもあったとしたら、人間はそのことを考えて、自分もほかの人もそういうケガを負ったりしないように、負わせたりしないように意識に刷り込む必要がある。それは正しい。失ったものを悔やんで号泣するのも、その先の日々に向けて、ちゃんと次の一歩を踏み出すためには必要なことだと思う。

人間は悩む。なまじ、未来を想像する能力を与えられてしまったから。そんな力を、進化の過程で得てしまったから。同時に、人間は悔やむ。「もしもあのときこうしていたら、こんな状況にはならなかったのに」とか。「ｉｆ」「もしも」によって今とちがう未来を想像する能力ももっているから。

だが、ずっと悔やみ続けて、「もしもの海」にずっと浸り続けていても、そこに未来はない。逆に、それによって、自身の未来を自ら閉ざしてしまうことさえある。

運命を受け入れ、同時にそれに抗う

鳥にとっては、「運命を受け入れること」と「運命に抗《あらが》うこと」はある意味、等価値だ。鳥はまず、状態、状況を受け入れる。だが、それは与えられた運命に屈するということではない。

生き延びて、新たな未来を創るチャンスは、運命を受け入れた先にしかないことを知っているから。だから、この点で鳥は悩まない。それが唯一のルートで、ほかに道はない。

鳥は、ありのままの自分を、いったん受け入れる。そのうえで、どうするのがいいのか考え、実行する。その際の鳥の判断は早い。目の前に複数の選択肢があったとしても、こうしたいと思うことをシンプルに選ぶだけ。

鳥は、その選択を正しいと思うからこそ選ぶのだが、まちがっていると感じた瞬間、ためらうことなく、ちがう道を選び直すこともある。ひとまず判断して、まちがっていたらやり直す、というのは鳥の日常行動でもあり、それが非常時にも適用される。

こういう判断は、鳥から学びたいと思う。運命に逆らい、よりよい状況を手に入れるには、いったんその運命を受け入れるしかない。そして、ただ悔やんだり泣いたりせずに、あきらめないで抵抗することで、運命の裏をかくような状況を得られるかもしれない。未来は、受け入れた状況の先にこそあると信じたい。

幸せのかたち

鳥は、「好き」という感情に素直な生きものだ。相手が○○だから好きになってはいけないとか、そういう心の歯止めはあまりないか、とても小さいと感じる。

それを〝柔軟〟と言っていいのかどうかはわからないが、曖昧なものは「あいまい」なままでかまわない、とりあえずそれについては悩まないでおくことにするという、一時保留する能力というか才能を、鳥はもっている。

好きなものは好きなんだから、それでいいでしょ？　と真顔で言っているようなかんじ。

鳥の好みは本当に千差万別で、よくわからないところもある。ただ、「好き」という気持ちはかなりきっぱりしていて、その鳥の中で迷いはない。頑固に好きを貫くのも鳥なのだ。

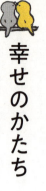

だから、異種とわかっていながらも、本当に信頼できて、安全なところでいっしょに暮らしていると実感できると、相手が人間であっても、かなり本気で好きになる。あなたを独占したい。あなたの卵が産みたい。そう思うくらいに。

好きは自由。それはとてもいいこと。そういうふうに思えたなら、心はかなり軽くなる。それこそ、自由になる。この点で、人間にも見習うところはある。好き、という気持ちがとても重要だということに気づくか気づかないかで、人生は大きく変わってくるのだから。

人間なら、相手の立ち位置も考えなくてはならないが、鳥はあまり考えなくてもいい。その点でも自由。「好き」という気持ちが走りすぎて、行き過ぎることはもちろん鳥にもあるが、ストーカー的につきまとったとしても、相手がきっぱり拒否すればいいだけのこと。

つきまとわれた鳥にすれば、気分は悪いかもしれないが、大きな問題にはならない。つきまとった方も、好きな気持ちが高じて相手に殺意を向けるようなことにはまずならないし、その鳥に〝やりすぎ〟感があれば、人間によって阻止もされる。

「好きは自由」だと鳥はいう

好きになってしまったのだからしかたがないでしょ。鳥は、行動を通してそう主張する。

鳥もまた同性を好きになることがあるが、そういう「好き」もまた、彼らにしてみれば自然のうちなのだと、その行動を見て思う。人間を好きになるのと、同種の同性を好きになる気持ち。彼らにしてみれば、そこにもそんなにちがいはないのかもしれない。

そして、同性を好きになったとしても幸せであると思える事例はいくつもある。例えば、ハワイ、オアフ島のコアホウドリのカップルについてＤＮＡを調べてみたところ、この土地で暮らすコアホウドリの一二五組のつがいのうち、三十一パーセントがメスどうしだったという。コアホウドリのつがいが育てている雛は、どちらかのメスの実子であることも確認された。受精卵をつくるためにオスと交尾はするものの、育てるのはカップルのメス二羽。もともとこの地にいるコアホウドリはオスの方が数が少なく、異性ペアだけでつがいをつくるとメスに余りが出てしまう。それを回避し、子孫を残し続けるための策だったようだ。

それでも「好み」がある鳥どうしのこと。嫌いな相手やウマのあわない相手とは絶対にペアにはならない。強弱や多少の方便はあっても、「好き」という感覚が存在しないペアはない。複数年、別れることなくおなじメスどうしのつがいが続く例など、「彼女とこのまま子育てしたい」という確かな意志を二羽がともにもっている証といえる。

鳥の中でも特に同性のカップルが多い印象があるのがペンギン類だ。野生でもいるし、選択肢がどうしても狭くなってしまう動物園や水族館では、そうしたカップルが多くなる傾向がある。国内外で多くの同性カップル、特にオスどうしのカップルの例が報告されている。

オスどうしのカップルの場合、好きな相手とずっといっしょにいることで精神的には満たされる。だが、その一方で、子孫を残したいという本能の声は胸に響き続けている。そのため、どうしても子育てがしたいという衝動が彼らの内に強まると、近くで抱卵しているカップルの巣から卵を盗み出す、という暴挙《ぼうきょ》に出たりもする。当然、相手も抵抗するわけで、その際に、はからずも卵が割れて、だれもが望まない不幸な結果になってしまうこともある。

二〇一二年、デンマークの動物園で事件が起きる。カップルとなり、抱卵をはじめたキングペンギンのメスが、言い寄ってきたほかのオスに心を奪われ、そちらになびいた結果、今まで抱いていた卵はもういらないと育児放棄。文字どおり、放り出してしまったのだ。

この動物園にはオスどうしのキングペンギンのカップルがいた。そして、幸いなことに、彼らはどんなことをしても子育てがしたいという意志をもっていた。

このまま放置すれば、卵は死に、生まれるはずの雛は孵らない。逡巡《しゅんじゅん》のすえ、飼育員がそうしたオスのペアに預けてみたところ、嬉々として二羽で交代に卵を抱き、無事に子育てをすることができたという。物語にでもできそうなハッピーエンドの物語となった。

幸せのかたちは、生きものの数とおなじだけある。「好きのかたち」もそう。なにがいいか悪いかを、だれかが決めつけるのは無意味だと鳥は教えてくれる。

価値観はちがうもの

「なんで仲良くできないの！　いっしょに暮らす仲間なんだよ？」と、ケンカをする鳥や、弱った鳥を攻撃する鳥に怒る人がいる。

気持ちはよくわかるが、その怒りは人間の思惑や価値観の一方的な押しつけにすぎない。同種だからといって、すべてが仲良くなれるわけではない。鳥だって一羽一羽、性格もちがえば感じ方もちがう。だから、合わない相手は必ずいる。学生時代を思い浮かべれば、それは実感としてわかると思う。〝合わない〟クラスメイトは、きっといたはず。

家庭で暮らす鳥たちは、おなじ空間にいるほかの鳥をちゃんと識別する。自分にとってどんな相手なのかそれぞれの判断をもって暮らしているが、特別気に入った相手でなければ、「仲良くする」といった意識は基本的に皆無。適当な距離を置いて生きている。もちろん、同居する人間に対してもそうで、全員におなじようにふるまうわけではない。

野生なら、さらに意識は希薄で、おなじ群れに属していたとしても、つがいの相手でもないかぎり、目の前でメンバーの一羽が死んでもなんとも思わない。自分まで殺されないように急ぎ逃げ出し、自分でなくてよかったと思うだけ。それが基本的な鳥の生き方でもある。

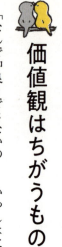

いじめることで群れから弱った鳥を排除しようとするのも、本能的な行動のひとつだ。

人間がどう干渉しようと、鳥の意識は変わらない。人間が人間の価値観の中で生きているように、鳥は鳥の価値観の中にいる。そこはわかってほしいと思う。

さらに言うと、「おなじ、○○どうし。仲良くやろう！」、「仲良くやれよ！」というのは、戦後昭和のサラリーマンの価値観のようにも感じられて、個人としてもあまり好きになれない。

「同僚なんだから、お前ひとり先に帰るなよ。みんなとおなじように二時間残業していけ」という主張と近いものを感じてしまうせいかもしれない。

それはあなたのストレスでは？

「仲良くしろ！」と鳥に怒る人は、鳥どうしの仲が悪いことにストレスを感じていることが多い。

「仲良くして当然」とか、「仲のいい様子を自分に見せてほしい」という考えや希望があり、そうでないことがストレスになる。仲良くさせる手段を探して、鳥の「しつけ」と銘《めい》打たれた本を読んでみたりもする。だが、それで上手くいくことはまれで、本人のストレスがさらに増す結果になることも多い。

いつも言っていることだが、人間の思惑や考えを飼っている鳥に押しつけ、「矯正《きょうせい》」しようとすることを「しつけ」と呼ぶのはまちがいだと思っている。そういうふうに思うこと自体、人間のおごりであると。

最新の科学がどんどん証拠を示してきているように、鳥は人間と比べると単純ながらも、いろいろ考える頭脳をもっている。そして、一羽一羽ちがう性格をもつ。発達した脳が、その種の個性の幅を広げるのは事実だ。

状況に対する反応もちがえば、好き嫌いも明確にちがう。ある鳥が大好き、という鳥がいたとして、逆にその鳥が嫌いで嫌いでたまらない、という鳥もいる。これぱかりは、その鳥の心が決めることなので、人間にはなんともしようがない。鳥の好き嫌いの基準もまた、その鳥の内にしかない。加えて、種としてもっている、祖先から受け継いだ「基準」もある。

人間にできることがある（あった）としたら、初対面のときに仲良くなれそうなきっかけを与えたり、そうした手助けをすることくらい。それでも、第一印象が大きく影響するので、上手くいく保証はない。

他人の心もそうだが、鳥の心も、人間が思うように変えることはできない。人間も鳥も、気持ちにしても、性格にしても、価値観にしても、親からの遺伝による生まれもったものに、経験が加わってかたちづくられていく。変えることが可能と思うのも、変えたいと思うのも、上から目線であり、傲慢《ごうまん》だ。まして、無理な性格矯正を「しつけ」と称して行おうとすることは、事実上の虐待といってもいい。

重ねて言うが、鳥の心は、人間が望む方向に「修正」できるものではない。虐待を加えたりすることで「歪める」ことは可能だが、どんな相手であってもそんなことはすべきではないし、相手が鳥であっても犯罪となる。

心は変えられない

先の鳥の例以外にも、自分の視点だけで判断したり、固定された価値観でまわりを見る、ということを人間はどうしてもしてしまう。

だが、それは結果的に、まわりと自分を隔て、自分を生きづらくする。よいことはなにもない。なので、相手には相手なりの価値観や考えや行動様式があることに気づく訓練を自分に課して、相手の価値観を認める努力をしていくことを、ゆるく提案したいと思う。

そうしていくことよって、鳥やほかの動物とも、まわりの人間とも、よい関係を築いていくための大事なことが見つけられるようになっていくと思う。

相手のためを思って「やってあげた」のに感謝されない、とかいう声もときおり聞く。でもそれはたぶん、相手のためではなく自分のため。自己の満足のため。「感謝するはず」と思い、感謝されることを期待して行動する。「やってあげたい」という気持ちは悪くはないが、相手がそれを望んでいなくてもやるのは、相手を思ってのことではなく、自分の内なる欲求に耳を傾けているだけだ。

相手が人間にしても、鳥にしても、背景や心の在りようまで知る努力をして、相手を尊重できないと、よりよい関係は築けない。それを忘れずにいたい。

存在の数だけ価値観はあって、それぞれ相いれないこともある。合わないことがわかっても、相手を否定したり、自分に合わせようとするのではなく、ちがうことを受け入れたうえで、上手くやっていく方法を探る。それが生きる、ということだと思っている。

ちなみに、鳥たちと人間の意識のちがいや価値観のちがいを知ることは、自分にとっては「おもしろい」と感じられることで、それもまた鳥と暮らすことで味わえる「テイスト」だと思っている。ちがうし、相手には理解できないところがあることを認めて、それを楽しめたり、笑い飛ばしたりできれば、きっと人生は変わる。

鳥に学ぶ気持ちの伝え方

人間は言葉でコミュニケーションをする。だが、言葉を使いこなすには、学習と訓練が必要で、コミュニケーション自体、それなりのスキルがいる。言葉を操《あやつ》る能力が足りていないと、コミュニケーションが成り立たないこともある。会話を続けていくには、操る能力だけでなく、言葉を受け止め、理解する能力や、そのための訓練も不可欠となる。

鳥たちを見ていて思うのは、感情や思いを伝えるのに「言葉は必要ない」、ということだ。鳥たちにとって、大事な相手との関係でもっとも重要なのは、「好きである」ことをしっかり伝えること。子孫を残すためにも、落ち着いて暮らしていくためにも、それはとても大事なポイントとなる。

伝えるにあたって、さえずり（歌）やダンスなどのパフォーマンスを見せる種もあるが、それは、どれだけの思いがあってどれだけ真剣なのかを伝えるための補足というか、上乗せのようなもの。

とはいえ、さえずりやダンスがあまりに下手だったり、真剣みが感じられなければ、「その程度なの……？」と相手を失望させることもある。

だが、そういうことがあったとしても、もっとも伝えたいことを、全身で、真剣に、まっすぐ伝える努力をすれば、気持ちはちゃんと伝わる。思いの大きさも、ちゃんと伝わる。鳥にもそれぞれ好みや思惑があるので、気持ちが伝わったとしても受け入れられるとは限らないが、とにもかくにも思いをきちんと伝えられなければ、その先はない。未来は狭くなる。もしかしたら存在するかもしれないリベンジもなくなってしまう。

鳥たちはちゃんとそれを知っている。

鳥たちはいつも真剣だ。それが彼らの生き方でもある。そして、彼らの心には、変な照れや恥じらいはない。こんな生き方をしている彼らは、心を誤解されることもない。

言葉は必ずしも必要ではない

話せばわかる。というのは、ある種の妄信《もうしん》だとずっと思っていた。

なぜなら、重要な話であればあるほど、「話せばこじれる」ことも多いから。立脚《りっきゃく》点がちがうと、「言葉の意味」さえ変わってくる。受け止め方で、すれ違いも起こりうる。

言葉を理解する能力も人によってまちまちで、その訓練が不足していると、誤解も簡単に生まれる。誤解が生じないように伝えようとすると、補足や説明のための言葉が必要になり、その繰り返しのなかで、言いたかったことの趣旨が見えなくなったり、中核がぼやけてしまったりすることも増える。受け止める側の意識の問題などから、特定の意味だけが強く伝わってしまって、本当に伝えたいことが上手く伝わらなくなってしまうこともある。

こんなかんじで大事なことがうまく伝わらず、困り果ててしまうことがときどきある。だが、そんな状況を回避する方法もあると鳥は暗に示唆する。「鳥どうしの関係や、自分たちと人間との関係を見て学べばいい」。そう言っているように見える。

人間との暮らしに慣れてきた鳥は、人間との接触を楽しみにするようになる。人間と遊んだり、人間で遊んだりするようになる。毎日話しかけられることに嬉しさも感じる。留守番は寂しいが、相手が帰ってきたときの幸福感はひとしお、ということも実感として知る。

鳥たちは人間をよく観察するようになり、自分と接する人間のふだんの態度や、口調や声の響き、コミュニケーションのしかたなどを通して、どんな相手なのか、その人物像をつくりあげていく。この人は、どんなとき、どんな態度を取るのか、どんな行動をするのか、というところまで理解する。そのうえで、どのくらい信頼できるか、その実感をもつ。

人物像がしっかりできあがっていたなら、その人間がなにかを伝えようとしたとき、全身で集中して受け止めれば、なにを伝えたいのか基本的なところは理解できる。そのとき、人間はいろいろ話しかけてもくるが、なにを言っているのか、言葉の意味はもちろん鳥にはわからない。それでも話の方向性は理解はできる。ちゃんと伝わっている。

だから、人間もおなじようにやればいいんじゃないか、と言っているように感じている。例えば——。

日常の会話やコミュニケーションを楽しむだけでなく、それを通して、真摯《しんし》な心で、相手を深く知っておく。彼／彼女が、どんな人間なのか。どういう思考をするのか。そして、相手のやり方を「探る」。それは悪い意味ではなく、傷つけたり、すれ違ったりしないために、相手に合わせるやり方を知る、ということ。

その相手もおなじようにしてくれれば、より深く、たがいを知っておくことができる。

できるかぎり、冷静な目で判断をしておく。内に悪意があって、他人を傷つける言葉を発するような相手なら、無理につきあう必要はない。すっぱり切るか、少しずつ関係を希薄化させていけばいい。

信頼できて、安心できる相手なら、ふだんからちゃんと「信頼感」をもっていることを伝えておく。

ここまでがベース。それはふだん鳥たちがしていることでもある。その状態で「大事なこと」を伝える。人間なので、伝えるのは基本的に言葉だが、大事なことは心をこめて、まっすぐに伝える。相手がこちらのベースをしっかり把握していれば、言葉は少なくていいし、少ない言葉でいちばん伝えたいことがシンプルに、でもその分、しっかりと伝わる。はず——。

そんなやり方を、鳥たちから教わった。

今は身のまわりの人、ツイッターなどを含め、鳥たちから教わったやり方で自分をまっすぐ表現しているつもりだ。公開可能なことは日常的にオープンにして、自分の思考財を知ってもらう。照れたり、隠したり、歪めたりしない。見栄も張らない。それがベース。

対人関係に百パーセントはないが、それでも年単位で、こうしたやり方をしていくことで、気持ちを上手く伝えられる確率は増えると思っている。

あとがきにかえて

鳥がいなかったら、どんな世界になっていただろう。恐竜が、子孫もろとも絶滅した世界。あるいは羽毛のある恐竜自体、誕生しなかった世界。そして、そんな地球に生まれた人類。

鳥というものを知らないので、人間は鳥に憧れない。さえずりも聞いたことがないので、鳥のように歌おうとは思わない。飛ぶ、揚力《ようりょく》で浮く、ということが上手くイメージできないため、飛行機の発明が遅れ、できた飛行機も今の飛行機とはかなりちがうものになる。そして、昆虫と、一部の哺乳類と、空を飛べるようになった一部の爬虫類が、鳥が担っている役割を担うように……。

はたして、なるんだろうか？　こうして文字では書けるが、想像しようとしても、あまりイメージが湧いてこない。だいたいそんな世界は、色的にも音的にも、なんとも味気がない。控え目に言って、絶対に嫌だ。

幸いなことに、そんな世界は訪れそうにない。なぜなら、鳥はしぶといから。白亜紀末期《はくあき》、すでに多くの鳥がいたが、それが一種の祖先から生まれたかどうかはわかっていない。複数の恐竜が並行して、その子孫を、『「鳥」の形状をした生きもの」へと進化させた可能性は否定できない。

白亜紀の鳥の多くは、恐竜とともに絶滅した。だが、生き残ったものが地上に再拡散した。そうして、今、地上には鳥が満ちあふれている。それはどうみても既定路線だったように感じられてならない。なにがどうなろうと、鳥は地上に生まれた。進化の道筋がそういうふうになっていたとしか思えないのだ。

地球を華やかにしてくれてありがとう。豊かな心をもった生きものになってくれてありがとう。こんな人類と出会ってくれてありがとう。そう、鳥たちには言いたい。そんな感謝の気持ちもこめて、この本を書かせていただいた。

鳥は人間を豊かにしてくれた。信仰の対象となり、神話に加わり、鳥からもらったインスピレーションが、音楽や文学、舞踏などの舞台芸術の中に大きな影響を残す。無音で飛ぶ翼の秘密や、角度によって色が変わって見える羽毛の構造色が、高速鉄道や衣料製品に応用された。鳥との関係はあまりにも深く、幅広い。

科学からはじまった自身の学術的な興味は、やがて歴史や文化誌にも拡大し、その結果、対象に対して、「科学と歴史」の両面からアプローチするようになった。その中心にいるのは、もちろん鳥だ。必然、この先、こうした方面の活動も増えることになるだろう。今、自分が立っている場所へは、自然な流れと必然によって導かれたようにも思う。そして、そこをけっこう気にいってもいる。

ともに暮らしたアルが亡くなってからしばらくは、その夢を見た。亡くなってからの数年間は、体温や息づかいがわかるような夢も見た。夢でもいいから会いたい、という願いは叶っていた。だが、十年が経った今は思い出すことが減り、夢に見ることが減った。それは、心理学的には、外にいた存在が自分の内に入った状態──「同化《どうか》」した状態というのだという。忘れたのではなく、思い出さなくても大丈夫になった、ということだと聞いた。それは事実だと肌で思う。

鳥と関係するようになり、鳥のことを文章にしはじめてからそれなりの時間が過ぎた今、鳥という存在自体もまた自分の中に同化した感覚がある。より自然に心の中で見つけられるようになった。この先も、ここでがんばっていこうと思う。

最後に、いつも読んでくださっている読者の方、ツイッターなどを見てくださっている方々に感謝を。いつも本当にありがとうございますと、お伝えしたい。

細川博昭

[著作年表：2006年〜]

2006年２月　『大江戸飼い鳥草紙』（吉川弘文館）
　　12月　『飼い鳥　困った時に読む本』（誠文堂新光社）
2007年8月　『眠れぬ江戸の怖い話』（こう書房）　※文芸　※支倉槇人名義
　　──アルの看病（〜2008年9月）
2008年10月　『鳥の脳力を探る』（ＳＢクリエイティブ／サイエンス・アイ新書）
2009年3月　＊『科学ニュースがみるみるわかる最新キーワード800』（ＳＢクリエイティブ）
　　11月　『みんなが知りたいペンギンの秘密』（ＳＢクリエイティブ）
2010年3月　『ペットは人間をどう見ているのか』（技術評論社）　※支倉槇人名義
　　5月　『身近な鳥のふしぎ』（ＳＢクリエイティブ）
2011年5月　＊『インコの心理がわかる本』（誠文堂新光社）
2012年2月　『江戸時代に描かれた鳥たち』（ＳＢクリエイティブ）
　　5月　＊『知っておきたい自然エネルギーの基礎知識』（ＳＢクリエイティブ）
　　8月　＊『インコに気持ちを伝える本』（誠文堂新光社）
　　10月　＊『インコの食事と健康がわかる本』（誠文堂新光社）
　　12年　＊『インコの飼育観察レポート』（誠文堂新光社）　※東城和実氏との共著
2013年2月　『宇宙をあるく』（ＷＡＶＥ出版）
　　10月　＊『マンガでわかるインコの気持ち』（ＳＢクリエイティブ）
2015年1月　＊『インコの謎』（誠文堂新光社）
2016年5月　＊『インコのひみつ』（イースト・プレス）
　　5月　＊『教養として知っておくべき20の科学理論』（ＳＢクリエイティブ）
　　12月　＊『鳥を識る』（春秋社）
2017年3月　＊『知っているようで知らない鳥の話』（ＳＢクリエイティブ）
　　11月　＊『うちの鳥の老いじたく』（誠文堂新光社）
2018年1月　＊『身近な鳥のすごい事典』（イースト・プレス）
　　10月　『鳥が好きすぎて、すみません』（誠文堂新光社）※本書
　　10月　『大江戸飼い鳥草紙』（オンデマンド版）（吉川弘文館）※発売予定

＊←電子版アリ

著者プロフィール

細川博昭（ほそかわひろあき）

作家。サイエンス・ライター。鳥を中心に、歴史と科学の両面から人間と動物の関係をルポルタージュするほか、先端の科学・技術を紹介する記事も執筆。おもな著作に、『鳥を識る』（春秋社）、『うちの鳥の老いじたく』『インコの心理がわかる本』『インコの食事と健康がわかる本』（誠文堂新光社）、『知っているようで知らない鳥の話』『鳥の脳力を探る』『身近な鳥のふしぎ』『江戸時代に描かれた鳥たち』（ＳＢクリエイティブ）、『身近な鳥のすごい事典』『インコのひみつ』（イースト新書Ｑ）、『大江戸飼い鳥草紙』（吉川弘文館）などがある。日本鳥学会、ヒトと動物の関係学会、ほか所属。

Twitter：@ aru1997maki

イラスト／ものゆう

鳥好きイラストレーター、漫画家。

『ほぼとり。』（宝島社）、『ひよこの食堂』（ふゅーじょんぷろだくと）、『ことりサラリーマン鳥川さん』（イースト・プレス）など

Twitter：@monoy

デザイン／宇都宮三鈴

驚《きょう》異《い》の能力《のうりょく》、人生《じんせい》の楽《たの》しみ方《かた》、鳥《とり》たちとの暮《く》らしから教《おそ》わったたくさんのこと

鳥《とり》が好《す》きすぎて、すみません　NDC 488

2018年10月20日　発　行

著　者　細川博昭《ほそかわひろあき》
発行者　小川雄一
発行所　株式会社 誠文堂新光社
〒113-0033　東京都文京区本郷 3-3-11
（編集）電話 03-5800-5751
（販売）電話 03-5800-5780
http://www.seibundo-shinkosha.net/

印刷所　株式会社 大熊整美堂
製本所　和光堂 株式会社

ISBN978-4-416-71826-1